住宅水景

② 现代水景

主编 张先慧
策划 麦迪逊出版集团有限公司

中国林业出版社

图书在版编目（CIP）数据

住宅水景. 现代水景 / 张先慧主编. -- 北京 : 中国林业出版社, 2013.3

ISBN 978-7-5038-6990-7

Ⅰ. ①住… Ⅱ. ①张… Ⅲ. ①住宅－理水（园林）－景观设计－世界 Ⅳ. ①TU986.4

中国版本图书馆CIP数据核字(2013)第052440号

中国林业出版社 · 建筑与家居图书出版中心
责任编辑：纪　亮 李　顺
美术编辑：苏雪莹 王丽萍
出版咨询：（010）83223051

出版：中国林业出版社（100009 北京西城区德内大街刘海胡同7号）
网站：http://lycb.forestry.gov.cn/
印刷：广州市上美印务有限公司
发行：中国林业出版社
电话：（010）83224477
版次：2013年6月第1版
印次：2013年6月第1次
开本：889mm×1194mm 1／12
印张：29
字数：200千字
定价：320.00元

目录 / CONTENTS

导言 / INTRODUCTION

张先慧

中国麦迪逊文化传播机构董事长
中国（广州、上海、北京）广告人书店董事长
广州先慧策划工作室主持人
《麦迪逊丛书》主编

记录精英 传播经典

择水而栖，沿河而居，自古以来就是人类选择生息繁衍之地的恒久法则。近几年来，住宅的全面商品化带动了住宅环境建设的步伐，多样化的景观设计模式也应运而生。开发商为了提高居住区的价值和迎合消费者的心理，住宅水景自然地被提高到一个新的层面，成为整个住宅环境景观设计中的重中之重。

在住宅环境中引入水景，不仅可以使人们得到感观上的享受，还有调节居住区小气候的功能。在各种风格不同的景观设计中，水景都有不可替代的作用。水是景观设计中不能缺少的一种魅力元素。一些设计师把水景设计称作一棵大树：它的根部是来自于大自然中多姿多彩的水；它的枝干就是表现不同姿态的水景，比如垂落、喷涌、静态和流动的水景；它的叶子是那些用水为重要元素的景观，例如亭榭、动植物、船桥和其他同样性质形象的景观。

鉴于住宅水景在整个住宅环境景观设计中的重要性，这就要求设计师必须全面理解和掌握它的风格特征及设计手法，因为只有这样才能更好地把握住宅水景设计意图的表达和应用。为此，麦迪逊出版集团特意策划出版《住宅水景》一书以供广大开发商及设计师参考借鉴。

《住宅水景》一书在全球范围内筛选了中外197个最新的经典住宅水景案例汇编成集，全部案例以高品质的实景照片为主，配以平面图以及相应的设计说明文字。为了便于查阅、参考，全套书按设计风格分类，共分为中式水景、现代水景、古典水景三册，内容全面，精彩绝伦，是开发商、设计师不可或缺的案头手册。

我们用书籍的形式将这些优秀的设计案例记录下来，传播开去，意在对住宅水景设计文化予以保存的同时，也为读者提供了解当前住宅水景设计状况及交流思想的平台。

“记录精英，传播经典”，这是“麦迪逊丛书”的宗旨。

希望业界朋友继续关注与支持我们！

现代水景

现代水景的设计既有对传统理论及方法的继承，也突破了传统理水的形式及内涵，体现出现代环境艺术的成就，体现了现代人的哲理思考、精神状态、生态及人文关注，运用了许多现代技术、材料，创造出完全不同于以往的水景形态。其设计手法现代简约，阐释着“少即是多”的精髓。

在现代水景设计中，技术的重要性在增加，某种程度上水景是以各种设计及技术手段

火、镭射激光、音乐动画等元素，实现水、声、光、影的结合。这些设计精致而细腻，在提高景观美感的同时，可以促进水体循环。更重要的是，还可以增加亲水性。

由于高科技的运用，使得水景的结构、造型丰富，形式越来越多样，有射流喷泉、吸气喷泉、涌泉、雾喷、水幕等等。现代水景的营造和建造技术的进步密切相关，例如太阳能喷泉、音控喷泉水景中现代材料不锈钢、玻璃的

中国杭州金都·城市芯宇

项目地址：中国浙江省杭州市
占地面积：64000平方米
总建筑面积：230000平方米
容积率：2.5
绿化率：>30%
开发商：金都房产集团有限公司
景观设计：ECOLAND易兰

项目说明

金都城市芯宇位于杭州西湖区文一路，东至西溪河、溪苑路，南至文一路，西面是教工路，北至余杭塘河。距西湖3千米，距商业中心武林广场3千米，距黄龙体育中心18千米，是主城区难得的繁华静地。

N
图例
临街绿化
水景雕塑
步行街
入口喷泉广场
树阵休息区
竹林
自行车停放
特色景墙
浅水池
休闲平台
休息场地
特色花卉带
树阵广场
地形绿化
小瀑布
儿童活动场地
树林
休闲景亭
网球场
篮球场
乒乓球场
特色雕塑广场
观景平台

设计将小区作为一个整体的园林进行营造。下沉广场、水景区、休闲平台和小品的点缀与穿插，在园区内形成了丰富的景观层次，给人营造不同的视觉影响力与感受力。设计充分融入城市肌理，借鉴城市公共广场的设计手法，强调大开大合的规划布局，主题各异的院落层层推进，尽显大户贵族遗风，简练之风与现代俊朗的建筑造型相得益彰。整体景观的打造给人休闲、放松感觉的同时，通过空间内多种变化的营造，体现出“艺术化的生活”、“生活化的艺术”以及“居住者的文化和品位”。

美国芝加哥湖滨东岸花园

项目地址：美国伊利诺斯州芝加哥市

委托方：Lakeshore East LLC City of Chicago Magellan Development Group

规划设计：Skidmore Owings and Merrill

景观设计：The Office of James Burnett

摄影：The Office of James Burnett James Steinkamp, Steinkamp Photography David B. Seide,

项目说明

在密歇根湖与芝加哥小镇上有一个耗资40亿美元打造的社区。其中，位于湖滨东岸的公园成了这里的亮点。自竣工以来，公园在社区中一直发挥着重要的作用，同时也昭示着景观设计所带来的无限生机。

景观设计师在初期就参与到了该项目的整体规划中。并制订了对于公园的设计和开发具有指导意义的开放空间设计总纲。构建步行环境的关键挑战是建设三层交通系统——过境车辆走下层。

三层的交通系统使南北场地产生近25度的悬殊坡度。设计师针对这一情况巧妙地设计了一个与格兰特公园紧密相连的眺望台。站在台上公园的风景便一览无遗。广场上极具抽象艺术风格的小路是广场的轴线，从大块石灰岩阶梯铺设开来，贯穿整个广场，一直延伸到北侧的一个小广场里。广场设计充分利用模型学与几何学，沿用一贯的轴线延伸的格局形式，同时利用一排排花岗岩矮墙和各种林下植被打造出景观的立体感。在轴线上种植了“Cleveland select”品牌的梨木，使得广场的格局更加清晰。

两条宽阔的东西走向的小路的设计灵感来自于密歇根湖上帆船的曲线，小路贯穿整个广场，每条小路上都设有五座喷泉，是该项目的主要通道。红色花岗岩矮墙里嵌入不锈钢水槽，水流经过这里流入满是粗糙大石头的水池中，又落入下面的不锈钢水槽中，可以在炎热的夏季为行人降温，到了冬天，喷泉里没有水，露出大块的花岗岩石头，看起来仿佛雕塑一般。形形色色的植被随着季节的更替而不断变化并点缀着广场，彰显了芝加哥的园艺史。西侧的水景花园旁和步行小路的两侧都是绿化带，与整个广场的布局十分协调。

在北侧主轴和步行小路之间的空地上有一座圆形的儿童公园。里面有水上乐园和能够保证儿童游戏安全的地面铺装。周围是三个主题各异的独立小广场，孩子们可以在这里玩耍穿梭。小型植物园使孩子们与植物有了亲密的接触，人们还可以在周围的草坪上进行各种其他活动。

沿着公园南侧的眺望台建造了一个专门用来遛狗的“狗狗公园”。这里有三块草坪，并栽种了一些无刺洋槐树，形成了错落有致的景观布局，草坪最高处设有石质喷泉，将水喷射到蜿蜒的水渠中，最后汇集到小山坡的底部。狗狗们每天在饮水槽前争抢地盘，或者在由碎石、铺路砖和彩色混凝土铺就的几何小路上奔跑。

在整体规划的第一步，整个开发工程还未竣工时，附近的居民就已经开始在此活动，该项目也成为了各种民俗活动的举办胜地。如芝加哥农产品交易会等，随着该项目开发的不断加快，公园面积也不断扩大，湖滨东岸将成为芝加哥市民公共活动网中不可或缺的一部分。

美国菲尼克斯沙漠之脊

项目地址：美国亚利桑那州菲尼克斯
占地面积：218 530.25平方米
设计单位：美国SWA集团

项目说明

项目占地面积为218 530.25平方米，拥有一千套客房、五个餐馆、一个日光浴场及一个会议中心。景观设计运用了湖泊、池塘和葱绿植物突出截然不同的沙漠主题。

同时，这种沙漠主题又使得种在沙漠的树与露天沙漠的植物和仙人掌有明显的区别。一系列诸如绿色出入区、沙漠植物园、由湖泊构成的中心庭院、小岛庭院和水疗庭院等各个庭院让游客们体验不同的设计风格。现有的沙漠树木和仙人掌被回收利用并运用到最终的景观设计中去。除此之外，这个度假村还有两个带有18个球洞的高尔夫球场。

美国兰乔米拉奇Sunnylands中心花园

项目地址：美国加利福尼亚州兰乔米拉奇市
委托方：The Annenberg Foundation Trust at Sunnylands
景观设计：The Office of James Burnett
摄影：Paul Hester, Hester + Hardaway Photography
Dillon Diers The Office of James Burnett
George Phelps Ace Aerial Photography

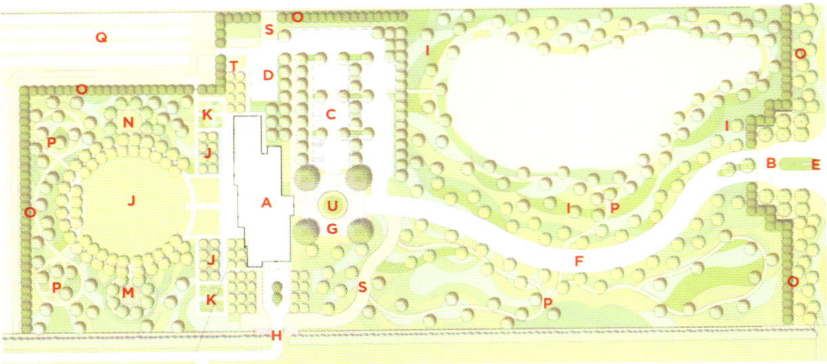

项目说明

这个占地60702.85平方米的SUNNYLANDS中心花园位于美国加利福尼亚州兰乔米拉奇，地处沙漠边缘，是Walter Annenberg大使及其夫人Lenore的沙漠休养寓所的扩展项目。项目充分纳入四周山地美景，SUNNYLANDS中心花园围绕一座已获得绿色认证的建筑进行规划。整座建筑占地1393.55平方米，可供导游带领游客参观此处，可举办教育展览，有接待区、咖啡馆、展览区、影院以及一间礼品店。

由于场地地处沙漠边缘，景观的可持续发展则成为了设计重点。受到Walter Annenberg大使广泛收集的印象派艺术品的启发，景观设计处处尊重索诺兰沙漠的特征和迎合索诺兰沙漠的气候特点，植物多选择适合在沙漠生长的仙人球等植物，同时配置有高性能的毛细灌溉系统，土壤水分检测以及雨水保留装置。项目在西南旱区演绎了一个新的生态美学景观，为到访的游客提供了一次精心打造的花园体验。

中国深圳万科·金域华府

项目地址：中国广东省深圳市
委托方：深圳市万科房地产开发有限公司
设计单位：SED新西林景观国际有限公司
合作单位：Intaran Design Inc

深圳万科金域·华府平面图

项目说明

万科·金域华府坐落在"深圳城市的中心轴带"的北延段，未来将形成被称为"副都心"的以大型交通枢纽为依托的城市中心功能拓展区。

设计思想源自绘画大师蒙德里安的绘画结构及色块特点。将蒙德里安的抽象画分解成简洁的几何图形，让线与线、线与面、面与面之间形成相互关联，在图形中吸入软、硬景的设计元素，让不同材质、肌理、色彩的物质相互融合与呼应，形成相互依存的场地空间。通过简练的装饰，让简洁的线条使空间洋溢出一派热烈的城市时尚艺术风情。抽象又具秩序，简约又具纯朴，项目将现代艺术融入社区的构成之中，以自然的手法打造出充满现代气息又具简约风尚的居住小区。

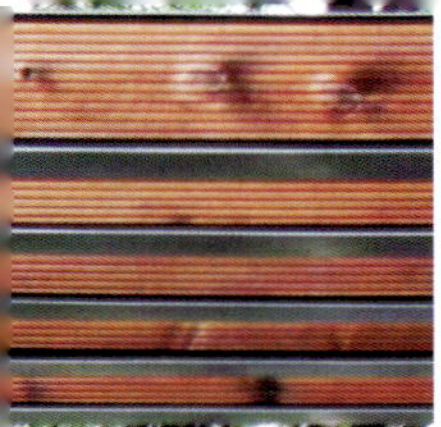

美国旧金山里德尔的住宅庭院

项目地址：美国加利福尼亚州
设计单位：surfacedesign inc.

项目说明

一对有两个小孩的夫妇在此地居住了大约五年后，委托设计师把一个陡峭的极少使用的后院变成一个户外功能区，为花园带来了三种截然不同的有特色的体验。也就是说，设计要在一个陡峭的、未充分利用的地方建起有用的空间挖掘它的特性，而不是采用折衷策略。

小山离房子4.57米远，从两个层面为花园提供了塑造之材。从街道进入车库，第一眼看到的是一面维护墙，极需重新建造。在主要的居住区，主卧朝着主要的可用平面空间开放。挑战与机遇就是为垂直的空间制定有凝聚力的规划方案，创造出花园体验，在旁边打造一块可用于聚会的友好空间，并留出通向可以远眺海洋的顶部通道。

在较低的层面，重修岩块剥落的维护墙实现了业主想要建造水景的可能性。阶梯式的墙壁里嵌入了一座喷水池，当水流过青铜堰时，泻入了水池，为整个花园创造出令人愉悦的听觉背景。作为墙壁的板形实体在视觉处与自然环境融合在一起，采用了木纹理，增加了质感的完整性，在不需使用单调乏味的巨大石板的情况下也能起到防腐的作用。墙壁的底部很大，足以在原本荒凉的地方植入一个安静的绿色洞穴，成为一个暂停下来深思的好去处。

拾阶而上渐达主要层面，这是一个宽阔、半遮蔽的户外空间，非常适合用餐，也是儿童玩耍的安全场所。这里的建造目标是保留一棵现有的橡树，并创造出可以反映加州植物特点的和谐的种植区，种有本地草木、温和的绿地及黑色的李树，从而与褪色的黑色雪松层板和墙壁相互协调。

对洞穴的环形设计，这里有台阶可以从容到达观景平台。以前由于陡坡而无法到达的高地，现在却可以看到太平洋上落日及金门桥等地标的全景，营造出置身于邻区、城市或更大范围之中的感觉。

花园里种植的主题因位置而不同。安静的低处洞穴是由几何形状的板石路面、金属花圃及诸如狗脊蕨属、铁笼子属及红龙桃叶蓼这些葱郁喜人的植物所构成的。阳光明媚的山坡上是紫露草的海洋，上面点缀着龙舌兰（细龙舌兰，蓝光龙舌兰）、莲花掌属和景天属植物。引人入胜的小山坡的边缘和板形的墙壁都因狼尾草而得到柔化。一条混凝土小道通往了像是漂浮在牛毛草软床上的台面顶部，将以夹杂着鹿草和袋鼠爪草的植物作为边界。

美国阿斯蓬Gratia

项目地址：美国科罗拉多州阿斯蓬市
设计单位：美国Bluegreen
主要设计人员：Bluegreen

项目说明

Gratia是通过景观设计反映物主美学意识的典范。这种现代式的后退确实体贴地传达出物主的创意、开发性和艺术的热情，并表现了思考合作的意愿和耐心。物主把其设计意愿都融入了建筑的每一个环节中。这样的过程让建筑景观成为一件艺术品，但这个作品并不是停滞不前的，而是一种以活泼的方式发展的。

坐落于该国的大陆分水岭，这个项目通过突出非常卓越的纽约峰景观来突显其受亚洲影响的设计理念。这个景区的天然文娱设施规划使用了同一个主题。石头、水流和地形等都融入山地景观，引发了人们的兴致。

打磨过的卵石和花岗岩石板，锤平的白色砂岩和裂解的花岗岩相互形成对比，同时为简单的黑白结构增添了多元化的材质。受周围网状河道和湿地环境的影响，温泉浴场、溪流和水池等水上设施与或高或低的地形相配合。大胆多层设计的溪流非常适合房子的竖框设计，这个特色也是物主和管理人员的艺术收藏。景区的轮廓线突出了户外的景色，可以欣赏到极长的风景线，还可以为家庭生活的变化增添有趣的背景形式，低矮的石头墙蜿蜒曲折，使户外空间更加开阔，并且界定了大草坪的界限。

中国北京市丰台区世华水岸

项目地址：中国北京市丰台区
委托方：北京城建投资发展股份有限公司
设计单位：北京源树景观规划设计事务所
主要设计人员：白祖华　胡海波　李晶　刘春红　夏强
摄影：张鹏

项目说明

项目位于石榴庄凉水河以北，东至宋家庄路，南至凉水河绿化带，西至天坛南路，北至彩虹城住宅小区。项目总用地面积约13万平方米。

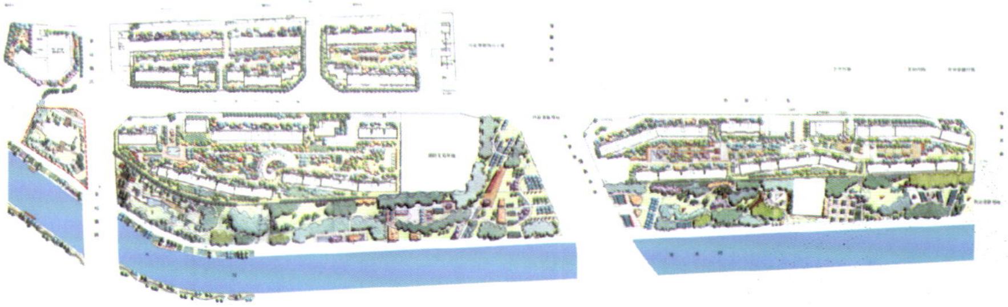

景观理念

“世华水岸”的内部景观面积约8.3万平方米，并且与项目南侧的6万平方米代征绿地（运动公园）紧邻。景观设计牢牢把握住了“滨水而居、水景豪宅”的宗旨，以“水四季”为景观主题，通过“水之四态”与“时之四季”的景观叠加，达到双重的景观效果，使业主在景观的变化中品味“水景豪宅”的精致生活。

景观设计

本案的景观设计紧紧围绕“滨水而居、水景豪宅”的宗旨而展开。在认真分析了用地空间和产品特点的基础上，将自然界中“泉”、“瀑”、“溪”、“雾”这四种典型的水景形态加以概括和提炼，并将其巧妙地与植物四季景观的变化相结合，将泉的灵动、瀑的气势、溪的柔美、雾的神秘分别和春的绿意盎然、夏的绿阴匝地、秋的色彩斑斓、冬的银装素裹相搭配，形成“春泉”、“夏瀑”、“秋溪”、“冬雾”这四个主题景观，并将其巧妙地运用到本案的四个区域中，为业主创造出诗一般的生活空间。

中国成都翡翠城·汇锦云天

项目地址：中国四川省成都市东湖片区中部
占地面积：二期用地80 000平方米
建筑面积：145 647平方米
开发商：华润置地（成都）有限公司
设计单位：深圳欧博设计公司

项目说明

翡翠城二期小区位置的东侧，为翡翠城四期待开发居住区；南侧为翡翠城三期待开发居住区；西侧为府河，水质已基本治理完毕，但府河下游（二环路以外）的治理工作未能有效展开，府河西岸为高攀居住区及工厂，是规划中的居住区；北侧的华润大道宽30米，正在修建中，华润大道北侧是建设中的翡翠城一期及保留工厂宿舍区。一期北侧为东湖市政公园。

项目定位为迎合市场主流的中高档住宅小区，并体现“自然、健康、生态、人性”等特征。住宅区以12~25层高层住宅及5~6层花园洋房为主，沿河布置少量联排别墅。通向滨江公园的两条景观主轴将小区清晰地分为3个组团。根据片区总体规划要求及周边城市形态特征，在小区西南边布置底层联排别墅及多层花园洋房，在小区东北边布置12~18层高层住宅，形成沿江面低并逐渐向远处升高的小区整体空间形态。

建筑单体布局注意朝向及景观视线的均好性，在利用沿河自然景观的同时，通过住宅间的组团布置组合，形成两条景观主轴，创造层次丰富的小区内部景观。

小区步行主入口设在北边规划道路，面对开阔的景观主轴。居民进入小区，由景观主轴再进入各宅间花园，可以体验到由层次丰富的景观体系带来的轻松、愉快的步行过程。

美国旧金山One Rincon Hill

项目地址：美国加利福尼亚旧金山市
占地面积：7 255.73平方米
委托方：圣地亚哥西部城市协会
建筑设计：Solomon Cordwell Buenz.建筑师事务所 Korth Sunseri Hagey建筑师事务所
景观设计：美国SWA集团

项目说明

One Rincon Hill是该地区最先建造的住宅区之一，它可以饱览海湾桥和东海湾的美景。这个地方有两处主要的景观区：第一个是位于喧哗且交通繁忙的第一街斜道及到达高楼车道之间的公共枢纽区；第二个则是位于车库之上的第五层的楼台。楼台提供了各种户外休闲设施，其中包括游泳池、烧烤区、水疗区和带有格子棚的花园。

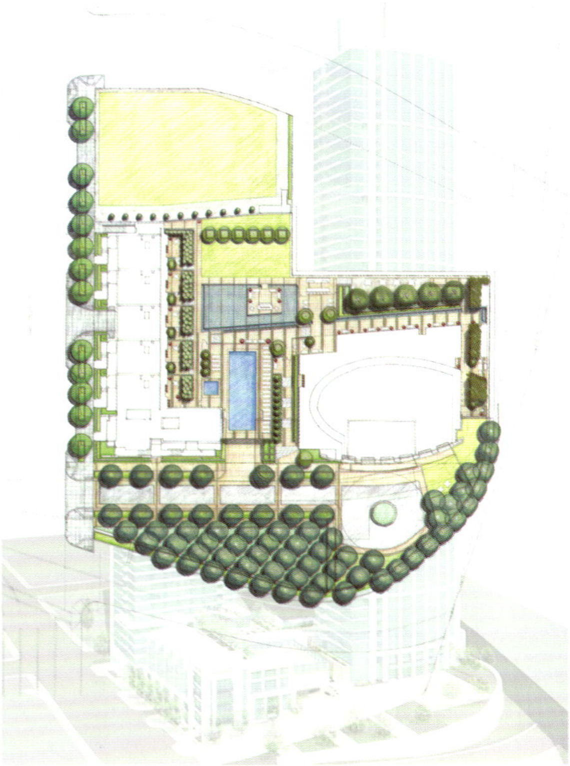

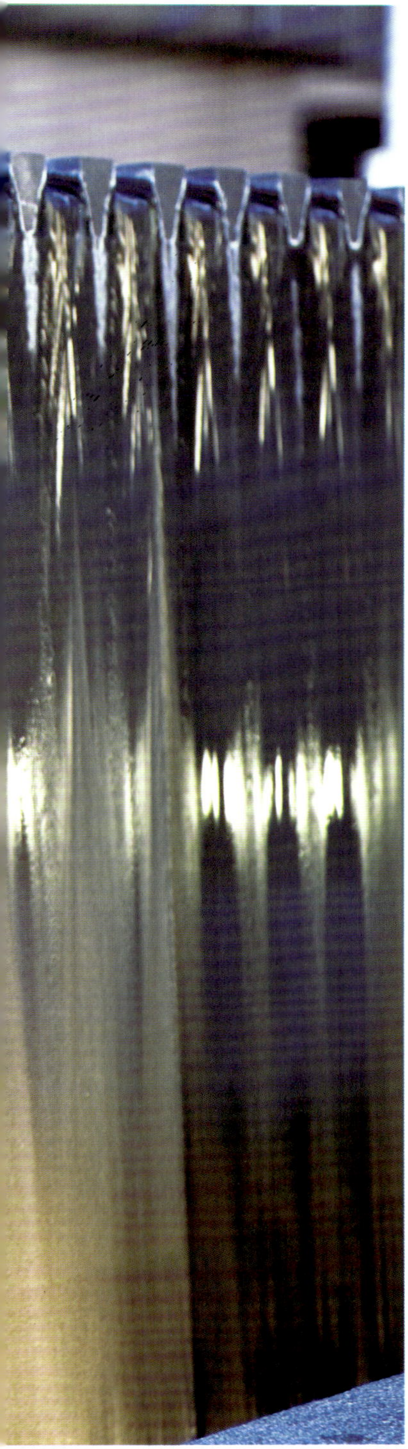

中国北京中体奥林匹克花园

项目地址：中国北京市丰台区长辛店镇内长兴路12号
占地面积：360 000平方米
总建筑面积：225 000平方米
开发商：北京创世愿景房地产开发有限公司

项目说明

一、项目概况

北京城区是平原地形，但中体奥林匹克花园所处地块是距市中心最近的丘陵坡地、有着金融街西花园之称的京西南生态新城长辛店，具有得天独厚的自然环境优势。项目的最大特点就是尊重自然，讲究建筑实现景观和文化的和谐共生。规划因地制宜，景观、建筑随坡地起伏，致力于打造“城市里的坡地别墅”。

二、规划设计

该项目在规划上突出奥运文化理念的融合，有篮球场、足球场以及大片绿地。此外，奥林匹克文化大道上还有奥运主题雕塑。

防桶
119

“显山露水，依山就势，错落有致”是中体奥林匹克花园总体规划的设计理念，也是贯穿该项目的特色。无论是山地还是坡地，地形、地貌、植被、溪流等自然景观都与建筑本身共融共生。设计师充分利用坡地地貌的优势，通过地形前后和左右本身的自然落差来打造坡地建筑，依地势建立层次有别、错落有致的建筑体，使建筑更生动、更立体。

同时，设计师保持了原有坡地形态和原生植被，使建筑如同从坡地中生长而出，与环境形成完美共融，减少了人工堆砌的生硬感。设计师结合整个地形地貌的坡地起伏，大量采用了“前后错落”以及“水平错落”的布置格局，与“坡地美宅”的诉求点紧密结合。

三、景观设计

设计师充分利用地块的自然起伏，通过地势高差变化，做到户户有景。该项目专属的600米奥林匹克景观大道更是贯穿整个社区，全面提升了居住品质。同时规划保留了地块内原有的林木，将自然形态、建筑形态、文化形态、生活形态有机叠加，形成人与自然最大限度地和谐统一。

该项目最显著的特色就是尊重自然、回归自然，它着重强调健康、运动的建设理念。在这里，结合京西南长辛店板块自然的坡地地形，因地制宜，充分尊重地块起伏延绵的特点，顺势筑屋。远远望去，建筑就宛如坡地林木中生长出一般，顺应地形而起伏，极富动感。

设计师充分利用其坡地景观造型，以山为骨架，以水为血脉，植物为毛发，在“山地＋坡地”、“和谐＋宜居”的双线设计原理下，远眺西山归家路，西山落日、晚霞余辉等稀有景观跃然纸上。

中国常州怀德名园

项目地址：中国江苏省常州市新北区
占地面积：120 000平方米
规划设计面积：120 000平方米
景观设计面积：约90 000平方米
开发商：常州市常信鑫源房地产开发有限公司
景观设计：香港捷奥国际设计顾问有限公司
主要设计人员：杨大庆 Mr.Henry R.Relucio 张燕 李金芝 黄思琼

项目说明

常州怀德名园小区项目位于常州新区，两侧为46米的城市干道黄山路，北侧为长江路，东侧为巫山路，不远处为旅游主题公园“恐龙园”，南临珠江路。

小区功能以居住为主，同时还有综合商务区、公寓、配套商业网点、小学、幼儿园等。

一、设计主题

“江南旧影”以山水为主题，以四季为特色；这是历史的传承，这是现代的演绎，这是生态的手法，这是人性的回归。

二、设计理念

怀德名园的景观设计充分考虑了怎样结合当地的历史文化和地域特色，以山为主题，以四季为特色的主题思路。

主景湖区的生态水面以江南水乡的自然地域为依托，生态湖既是小区的景观核心，又是生态的核心，尽显水乡情怀。江南匠人心灵手巧，利用多变的地形，使水流在房屋之间荡漾。正所谓“枯藤、老树、昏鸦，小桥、流水、人家”，齐聚一堂。

三、主景观湖滨区

沿主入口而行，在联排别墅与小高层的中轴线上，是约5 000平方米的人工湖，杨柳饰岸，轻舟荡漾。

作为供居民休闲娱乐的架空层沿湖而建，潺潺的湖水缓缓流过，湖面四周是生态湿地，各种湿地水生植物交错布置其中。沿湖的木栈道为居民提供了近水赏玩的空间，更是爱好运动的居民们晨跑的首选。

在生态湖的末端依地形而造的小山丘，形成景观上的焦点。山丘上各种自然生态的植物自由生长，营造了怡人的野趣景观。

山丘的顶部是太极广场，也是居民们的晨练广场，在空气清新的小树林中聆听着咕咕的鸟鸣；叮咚的溪流，置身于云雾弥漫的小山丘中，犹如仙境一般。“江南水色，湖色清幽。邀君共赏，逸上心头。”

中国东莞利丰城市花园二期

项目地址：中国广东省东莞市石排镇
占地面积：59 735平方米
景观设计面积：46 900平方米
开发商：东莞市利丰房地产投资有限公司
建筑设计：广东华方工程设计有限公司
景观设计：深圳市汉沙杨景观规划设计有限公司

项目说明

一、地理位置及环境分析

利丰城市花园位于惠港经济走廊中间的东莞市石排镇。这里是广州与香港之间水陆交通的必经之道，处于石排镇的政治文化中心，距镇政府500米，距东莞交通干线东部快速干线约5分钟车程。

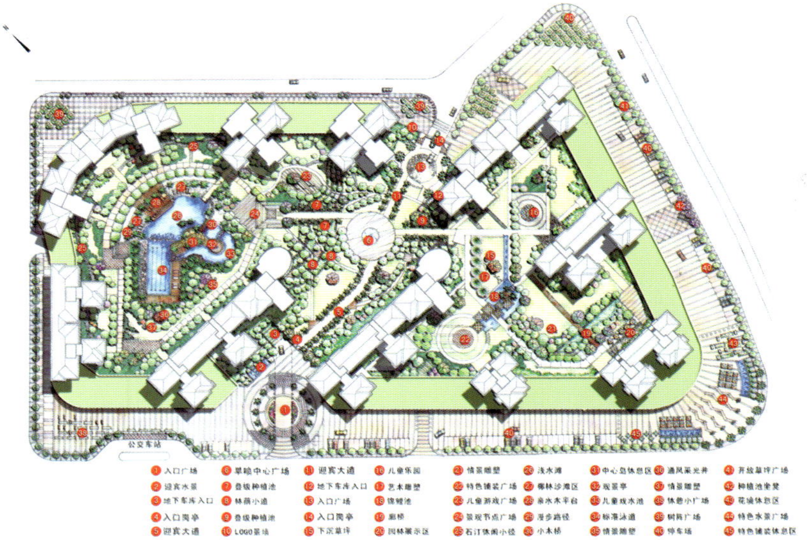

二、规划设计理念及构思

现代小区景观设计为小区内所有居民提供了公共休闲的场所。设计师以大尺度和大气度的理念进行规划设计，使忙碌的都市人能够在小区景观中与大自然亲密接触。

设计师在对场地的各种自然条件和人文条件进行综合考虑之后，进行了全面的组织和设计，对场地进行了创造性的利用，使人们在其中可住、可行、可游，使人们的居住和生活与社区活动紧密结合，塑造了和谐且生机勃勃的景观环境，从而达到人性化、高品质的要求。

三、宏观规划及总体构想

小区以现代、简洁、时尚的澳洲风情总体印象作为景观设计的意向。小区的入口有两个，其中南入口为主入口。在这里，小区的主要标志结合首层店铺及商业街，形成了气势磅礴的入口广场。与其对应的是北边的次入口，它被设计成小巧、精致的圆形广场。放眼望去，高大、挺拔的椰树散发着浓烈的南国风味，显得格外灵巧含蓄。

小区分三个大庭院：东边是由三个各具独特功能的小组团所组成，下沉的开放大草坪、锦鲤和儿童游戏场共同营造出一个隽永的庭院。三个部分因其空间和功能不同而具有不同的景观空间，各部分又互相贯通渗透，形成一个统一的整体。西部庭院由大面积的水景构成一个水园林，碧蓝的水面、仿真的阳光沙滩、舒适的躺椅、绚目的太阳伞无不令人产生无限的遐想。从高层往下俯瞰整个庭院，波光粼粼的水面犹如一颗璀璨的蓝宝石镶嵌在基地的西部，水池的四周大量的椰树使游玩者在享受美好时光的同时又不失其私密性。中部为中心花园式的大庭院，由于地形上的独特，使整个庭院与其他庭院相比略显下沉，其独特的地理位置在视觉上使其自然成为贯穿东西南北的焦点。

旱喷广场为人们活动的中心，四周密集的种植群落形成了一个天然的户外氧吧。优美的弧形林荫小道将这一幅幅画面有机地组合在一起，成为人们、休闲娱乐及假日中举办大型活动的最佳场所。

小区基地外围的商业街更是现代、简洁和时尚的典范，大面积的铺装与简洁明了的大线条有机结合在一起，各转角处独特的树阵语言，无不洋溢着现代清新时尚的气息。

岭学校

四、细部设计

小区内整体采用符合当地植物特性的竹子为背景，走在园区内随时都有可能得到意想不到的收获，或是一组中型乔木所围合的特定空间，或是开放流动的草坪，或是孤植的特色景观大型树，或在不经意间又会发现让人有所思考的情景艺术雕塑，每一处都充满了惊喜。创造出一个个可以休息可以思想的宜人空间，巧妙运用直线，赋予小区现代简洁时尚的气息。

中国香港数码港

项目地址：中国香港特别行政区
占地面积：21 137平方米
开发商：盈科大衍地产发展有限公司
设计单位：泛亚环境有限公司

项目说明

设计师采用大胆、创新的手法，从大自然中汲取灵感，以树的自然形态作为设计的主概念，打造出独特的园林流动空间，并与周边建筑的流线外形相结合，形成四周的绿化环境，营造了一个极具时代感的生活空间。

新加坡Dahlia Park

项目地址：新加坡
占地面积：36 000平方米
设计单位：上海赛特康斯景观设计咨询有限公司
主要设计师：马克·迈汉

项目说明

整个景观设计表现了现代都市生活的豪华与奢侈。抛物线和三维曲线形式的广场、景墙成为设计的主题，完美地融合在周围的环境中，并与建筑的直线形成强烈的对比，从而起到划分区域的作用。设计在拥有城市化特点的同时又保留了清晰的个性与人性化的尺度。

在主庭院和开放式花园的设计中，水与石材、钢材以及玻璃材质的结合形成了一种令人精神振奋的气氛。

中国上海青春驿站

项目地址：中国上海市
占地面积：25 934平方米
委托方：上海恒地仓投资有限公司
设计单位：日本M.A.O.一级建筑士事务所
项目负责人：刘建超
主要设计人员：梁伟鸿　杨学鑫　卫鹰昊　向颖

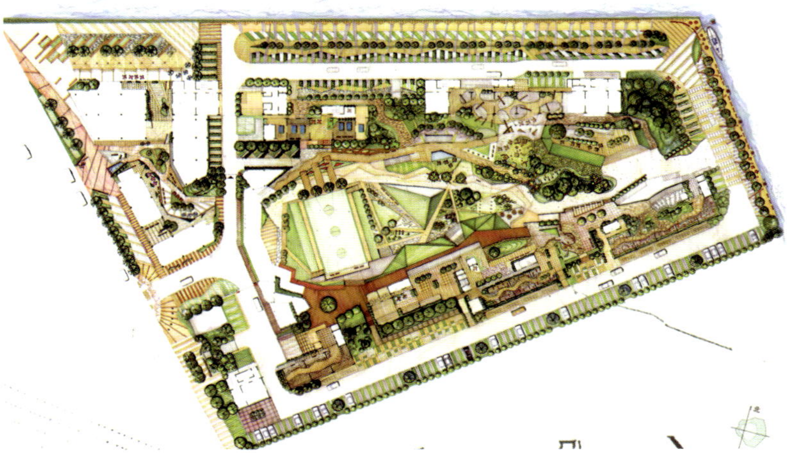

项目说明

青春驿站是一种文化与生活方式的革命与创新，一种对新生活方式的提倡与引导。

“个性的张扬，共性的整合”便是人际关系重组的关键所在，个性化生活方式的共性整合就是“同类聚集”，这是一种“新个居共聚生活”。为了满足这种“共性”、“个性”需求，提出了“一间房”理念：整体景观通过地平层、架空层、平台层三层构成一个内外与上下互相渗透的立体景观模式，一个整体的立体客厅模式，其中平台层是连接这一立体景观模式的纽带，利用建筑架空层将景观长廊，假山、喷泉和蜿蜒小径穿插其中，并设置座椅等休闲设施，形成景观观赏区；配置乒乓球、桌球或者壁球等室内运动场所，打造一片融运动、休闲、购物为一体的综合性社区“客厅”体验；而每一个住户单元则好比一间间保有各自个性的卧房空间。这种全新的社区理念打造出一片属于年轻人自己的生活空间机能，让“青春驿站”真正成为年轻人的社区，真正成为承载和提供年轻人生活方式的“一间房”。

中国上海金沙雅苑·未来街区

项目地址：中国上海市普陀金沙江路2218号
占地面积：122 700平方米
设计面积：122 700平方米
委托方：上海弘象置业有限公司
设计单位：上海新景升建筑设计咨询有限公司
主要设计人员：徐海翔　程罡　杨慷　安锡光　朱建云　孙婧

项目说明

金沙雅苑·未来街区位于金沙江路、祁连山路西南角，作为整个60万平方米金沙雅苑大社区四期工程的压轴篇，建筑面积达30万平方米，以新城市主义为设计理念，处处体现动感时尚、现代大气的风格。

小区开发更多、更完善的都市生活功能，引入城市公共系统、公共空间，设置各种形式的组团、生活广场、交流中心、购物中心、室内活动场所、半室外空间，将小区居民连成一个整体，通过全部四期资源优化整合，使金沙大社区成为一个以人为本的、邻里关系更密切的新型人居经典。未来理想生活住区，将居住文化与环境文化完美结合，未来街区景观规划设计上借助地中海异域风情，引入独特水文化，创造出具有浓郁亚热带滨海风格的园林景观。

从入口花园大道开始，一段一段都是电影外景般的景色，天鹅绒草坡、香草沐浴区、翡冷翠湖区、喷泉林荫区、梦溪篱岸区、南国风情区，将社区装点成大气且充满不同风情的未来都市居住区。

中国成都国嘉·城南逸家

项目地址：中国四川省成都市
占地面积：266 666.67平方米
总建筑面积：200 000平方米
景观设计面积：100 000平方米
开发商：香港中渝置地控股有限公司
　　　　国嘉地产有限公司
设计单位：香港美林国际景观设计有限公司
　　　　　成都美瑞林景观设计师事务所
主要设计人员：丁凯　匡广星

项目说明

一、项目概况

城南逸家位于成都城南CBD核心区，背靠江安河，是国际城南CBD唯一的纯别墅社区。城南逸家总占地面积约26.7万平方米，景观面积10万平方米。

二、景观设计

设计师在充分尊重地块原生自然景观资源的基础上，强调人与环境的关系，营造了人与自然和谐交融的空间。通过自然的内外互动，形成与建筑体相协调的精致、自然与细腻的园林景观，在空间与流线上的推敲远远高于其他别墅项目，融合城市气质与自然气息，彰显项目景观精髓。

设计本着“道法自然，自然和谐、统一”的造景原则，最大限度地拓展长1.2千米、宽120米的原生江安河活水资源，将“原湾”、“千里长堤”、“揽月栈道”、“原滩湿地”、“清风码头”、“溪岸烟柳”、“亲水石阶”有机融合，打造成一个72 000平方米的“殿堂级滨河生态公园”，并将其渗透、融合至社区内部景观的每一个角落，与示范区的七星级天穹会共同构成一个气势恢弘的活动场所。

新加坡金山

项目地址：新加坡
占地面积：4.8公顷
设计单位：上海赛特康斯景观设计咨询有限公司
主要设计师：马克·迈汉

项目说明

Goldenhill 景观设计的主要元素为现代简洁风格的泳池、平台和休闲亭子。以原有的地势优势，设计独特的天桥将平台和亭子相连。现代的设计配有小区外茂密的棕雨林再加上整个小区配置的喷雾设备和镶在地上的景观灯，本项目的设计在简洁中透露出独有的神秘感。

中国深圳柏丽湾

项目地址：中国广东省深圳市南山区
占地面积：12 000 平方米
委托方：深圳市北头实业有限公司
设计单位：深圳禾力美景规划与景观工程设计有限公司

项目说明

百丽湾位于深圳市南山区后海湾西侧蛇口东深圳湾填海区。属于后海新中心崛起的国际住区，交通便利，有城市规划的西部通道+地铁二号线，15千米深圳湾滨海休闲带，生活配套齐全。

后海片区的南山商业文化中心区占地面积1350000平方米，为深圳特区西部的商业中心、商务中心和文化中心。其核心区域占地300000平方米，是商务、商业、博览、文化 多项功能为一体的综合性高档商务区。其中海岸城购物中心、保利文化广场、深圳歌剧院等商业文化建筑各具特色，异彩纷呈，为后海片区居民提供丰富的购物、文 化享受。而西部通道开通并实施一地两检的新通关模式后，后海片区居民到香港只需15分钟，到香港迪士尼也是只需20分钟，消费、娱乐将更为便利。

奥地利 Meandrion

项目地址：奥地利
开发商：BUWOG and NEUE HEIMAT
设计单位：维恩AN_architects zt GmbH

项目说明

高低相间、错落有致的住宅楼群为这个新发展区域增添了一道美丽的天际线。3栋住宅楼（按奥地利标准划分为3类建筑）组成的主体建筑跨越式地坐落于宅基地上，两座高高的塔楼（按奥地利标准划分为5类建筑）位于两侧，就像照明的灯塔一样，显得极其特别。

独具匠心的建筑物排列方式显示出了本项目的深厚内涵。屋顶的露台、绿地为业主们提供了一个属于自己的完全开放式空间。此外，本项目每一个单位都可以在室内享受到至少两个主题院落景观，而开放式的公共长廊走道将公共景观空间与私人的住宅进行了巧妙的衔接。

在建筑物每层的单位分配上，采用了连续式排布法，沿外围环形布置住宅单位，使每一单位不论如何划分户型、朝向，都能享受到属于自己的独特角度的风景。

本项目在设计上，力图追求私密和共享，内部空间与外部空间的完美、和谐、均衡的统一。从楼顶到底层，从私密庭院到涓涓细流的半公共花园空间，无不体现出设计师的设计宗旨。在地下空间的规划上，最大程度地减少了工程面积，为种植自然植物留下足够空间。

中国深圳益田·半岛城邦一期

项目地址：中国广东省深圳市南山蛇口片区东角头
占地面积：564 000平方米
建筑面积：180 000平方米
开发商： 深圳益田房地产有限公司
设计单位：深圳欧博设计公司

项目说明

基地位于深圳市南山区蛇口片区东角头，北靠蛇口山公园；东南面向深圳湾，隔海与香港的大屿山和元朗地区相望；西南面是开阔的南海；西面是蛇口渔港码头。

一期社区占地面积564000平方米，建筑面积180000平方米，共有三个形象入口。主要入口位于北部要道，面向通往山体的道路。设置两个次出入口，一个位于西面，通往金世纪路；另一个位于南面，沿海滨景观带。地块西部道路边缘设了两个坡道，一入一出，作为消防车道出入口。两个地下车库的出入口设在基地北侧的西北角，车行流线与人行流线完全分开。消防车可利用海滨景观带旁边的车道进入住宅区，沿西侧北上，然后沿东西方向经过所有塔楼自行封闭成环。住宅塔楼基底标高与交通道路的标高差为+1.5 m左右，以保证住宅的私密性。

一期共有8栋住宅，每栋住宅的主入口均设在南侧。每栋楼户型均设计有直接面向大海的客厅、卧室和阳台，以获得直接的海景。复式住宅都位于每栋楼的顶层。户型的分隔有很大的余地，提供将三居室或两居室改为四居室的可能性。所有塔楼都以椭圆为母体，平面为椭圆组合或蝶形，底色为蓝色的环状玻璃分格。建筑物立面通过玻璃窗体和有韵律的圆环，形成透明的视觉特征。地上首4层的圆弧横梁加大尺度，强化建筑物基座的体量感。顶层复式住宅略往后退，以使屋顶花园获得足够的空间，同时复式住宅屋顶结合海景主题作了相应的特殊处理。

整个项目建筑风格轻盈，色彩亮丽，外立面简洁、明了。在保证最大的观海率的前提下，充分体现滨海建筑的风格和生态、自然的深圳居住特色。

日本宝冢太阳城

项目地址：日本宝冢
建筑设计：BAR建筑师事务所
　　　　　Asai建筑研究院
景观设计：美国SWA集团
室内设计：Babey Moulton Gue 和 Booth
主要设计人员：John Loomis, Jim Lee, Sergio Lima, Masato Kametani, Aleksandra Dudukovic, Akiko Ono, Clotilde Viellard

项目说明

宝冢太阳城是日本大阪郊区宝冢一个新的退休护理社区。三层的楼房（共300个单元）设计了几个室内景观庭院。为了保证空间，停车场被建到了大楼底下。同时在分层时设定了高度限制,使其呈阶梯状，并具有一定的隐秘性。西边是用木材制成的，既是一个反射面，又被设计成为一个公共公园，为社区增色并成为这个项目中的一个设施建设。

中国上海世博会世博村

项目地址：中国上海市
设计单位：荷兰NITA（尼塔）设计集团

项目说明

一、项目概况

上海世博会世博村是一个以国际视角为出发点，基于世博会期间需求和文化特质，为城市化尺度的一个居住多元社区，包含了完整的生活体系。作为世博会间的唯一住宅服务配套社区，一个373 000平方米的“家园”将带给世博全新的居住生活体验。

项目由多个部分组成，性质有五星级酒店、公寓式酒店、物流仓库、商业和办公等。世博村在世博会筹备及举办期间，为各参展国家和国际组织人员提供住宿、办公、餐饮、购物、娱乐、物流、后勤等需求。世博会后转变为领事馆区或涉外区，为区内及周边居民提供良好的居住、商务、办公、接待、购物、休闲等功能，成为上海又一个特色鲜明的国际化街区。

二、设计理念

1.家园

设计所要强调的是通过对整体社区环境的塑造，提升居住者对“村”的认知感，“村”不是一幢楼、一套公寓，而是一片完整的社区，一个美丽的“家园”。

2.绿洲

在高层、多层建筑围合出的人造空间中，创造出现代的生态绿洲，最大可能地将景观设计以生态自然的方式展现，人工地模拟创造出自然景观。设计通过有机的组织，让其自身成为一个可循环的生态环境，调节区域性的小气候，让人们能最大限度地回归自然，让整个社区达到人与自然的和谐共生。

3.人文

每一个社区都将会创造出自己的“区域文化”，从项目开始策划运作，整个“人文”的创造就已经开始，规划设计、建筑设计、景观设计，一步步地将文化的火种传承、扩大，并不停地延伸。社区的国际性概念是在设计之初就提出的，需一步步地实现与推进。没有人文的设计是苍白的，也是没有生命力的。在充分吸收整个项目的运作概念后，设计者在景观设计中始终以文化作为主线，在满足功能、美观的前提下，努力创造出有人文气息的生活环境。

4.个性象征

“个性”的创造是设计者所想要追寻的，独特并不代表怪异，在吸收传统景观设计的前提下，以开放的眼界去创造适合上海世博村的标志性景观，使景观成为世博村的另一个亮点与标志。

中国香港曼克顿山

项目地址：中国香港特别行政区
占地面积：13 030平方米
总建筑面积：103 951平方米
开发商：新鸿基地产发展有限公司九龙巴士有限公司
设计单位：香港吕元祥建筑师事务所

项目说明

曼克顿山是一个高级的地产发展项目，共有四栋高40～43层不等的住宅大厦，还有三层高的购物中心、停车场及豪华会所。项目还包括一条盖有行人天桥的公共道路，把物业连接至美孚地铁站。

为了令每栋大厦都可尽享维多利亚港的美妙景色，设计“扭转”了每一栋大楼的块砖，并在街道层设私人通道和美化景观。主人套房的流线形玻璃弯角设计，从外面看就可见到独到的建筑心思。就空间而言，每栋大楼也接连至大厦平台及会所。无论是高度和体积，会所与住宅大楼都形成强烈的对比。会所内有一个高耸的天井、双层的餐厅、室内游泳池和健身室。日间，天然光洒满整个会所的空间，流水的倒影更闪亮动人，为住客带来更贴心的休闲体验。

中国成都汇融·名城

项目地址：中国四川省成都市北二环四段
占地面积：约61 008平方米
设计单位：成都景虎景观设计有限责任公司

项目说明

一、项目概况

该项目地处北二环四段外侧财富城北高尚住宅之核心区域，周边两大沙河景观公园距其不到200米。整个项目分A、B、C、D四个组团，其中D组团为社区配套设施用地，内设社区会所、户外游泳池等。

二、项目理念

该项目倡导一种“自然与阳光共呼吸的生态居住空间”家居设计理念，因此在园林规划方面强调了几个主题，即：宽大的中庭、宽大的园林和宽大的楼距。同时采取松散大围合，利用空气自由对流的方式，巧妙地打造出了高密建筑条件下的低密宽景居住空间。此外，更加注重其在功能上的进一步利用，将景观可使用化、景观精细化、室外景观室内化三大景观设计理念引入项目设计，体现了设计师希望实现更加人性化的景观人文愿景。

通过对不同组团的区域划分，以及彼此的景观空间对比，设计师试图创造着景观中的某些瞬间——从开放的草坡大中庭到景亭旱溪，从户外错落的叠水游泳池到功能各异的各个运动休闲空间。其中丰富的细节更表达着一种和谐、含蓄的意境。步足其间，随时能让业主体验一种惊喜和发现的乐趣，一种社区的亲和力、感染力是设计师对该项目景观设计的初衷。

美国阿斯蓬禅园

项目地址：美国科罗拉多州阿斯蓬市
占地面积：1.07英亩
设计单位：美国Bluegreen

项目说明

本项目将原本混乱的景点转化成极注重细节的、充满艺术性的花园。设计将扩展的建筑线融入生活景观，并使室内外的衔接转换天衣无缝，恰到好处。三个风格分明的房间创造出出众的空间——一个冥想的禅式花园和一个极简抽象主义的南方式阳台。精心挑选的有触感的材料和耐旱植物把建筑与景观紧密联系起来。禅园体现了客户要求、建筑以及建筑景观三者的完美融合。

禅园位于阿斯蓬市的郊区，从这里可以直接眺望碌骐峰的景色。这接近两英亩的景色曾是客户购买时的烦扰。景区的大部分地方种植的是非本土的或是耐寒的植物，其中一些还是带有入侵性的。建筑方案的第一步就是清理外来入侵的植物种类以及令人头痛的非本土植物。生长着三艾树以及其他耐旱植物的本土植物区则保留了下来。

该设计项目成功地满足了客户对耐旱植物景观的要求，同时插入一些艺术性的设计。硬结构设计所用的材料和外观上的细节设计模糊了室内和室外的分界。

中国重庆融汇半岛5期

项目地址：中国重庆市
委托方：重庆融汇集团
设计单位：IDU（埃迪优）世界设计联盟联合业务中心·奥斯本

项目说明

设计理念：高差丰富的现代园林空间框架，中式元素的意境贯穿其中。

中国无锡协信·阿卡迪亚

项目地址：中国江苏省无锡市
占地面积：135 953平方米
总建筑面积：173 121.6平方米
容积率：2.50
设计单位：上海水石建筑规划设计有限公司

项目说明

一、项目概况

本项目位于江苏省无锡市，基地北依具区路，西靠菱湖大道，南侧为太湖环路，东侧为规划河道，本项目分为A、B两个地块，中间有秀景路穿过。A地块总用地面积为78 577.4平方米，地上总建筑面积为110 008平方米。B地块总用地面积为57 375.6平方米，地上总建筑面积为63 113.16平方米。地块位于无锡（太湖）国际科技园内，周边交通等设施完善、便利，同时地块南侧紧邻湿地公园及太湖，拥有一线的太湖景观和优美的生态环境，是一处极其适合居住的养生之地。

总平面图 1:1000

中国上海明园揽翠苑

项目地址：中国上海市
设计单位：上海中房建筑设计有限公司

项目说明

明园揽翠苑位于上海市闸北区，基地西临共和新路、东临平型关路。基地选址位于原上海电气集团造纸机械有限公司厂址，厂区用地上有一横两纵的3条绿化林荫大道，这些林荫大道由树龄为10~50年不等的香樟树、广玉兰、雪松、法国梧桐等珍贵树种组成，厂区环境树木参天、郁郁葱葱、生机盎然，绿化、树木极具保留价值。

绿化景观规划坚持保留为主、移植为辅的原则。通俗地讲就是在旧建筑原址上造建筑，原有树木就地保留及营造景观，最大限度保留及打造生态小区。

中国昆山世茂·蝶湖湾

项目地址：中国江苏省昆山市
设计面积：124 000万平方米
开发商：上海世茂集团
设计单位：深圳奥雅园境师事务所

项目说明

回归自然、修复自然、强调自然。

基于项目地段特点，整体规划和建筑设计风格，奥雅公司在景观设计中采用保护自然、修复自然、强调自然的生态设计手法，突出其人文资源丰富、山水相映的景观特质，使自然生态与使用功能、建筑形式相匹配，营造了一个与自然浑然一体的、个性独特的、质朴高尚的岛居式环境景观。项目结合特殊的地理、植被、景观现状条件，服从并服务项目总体规划和建筑设计，创造与高档别墅相结合的、亲切宜人的景观主题及其美好的空间体验。以隐于无形的设计锻造自然园境，恢复自然山林，让建筑隐于山林中，别墅像植物一样与其生长于斯的大绿地环境融洽共生。通过改造、修复地形，使地形的走向、坡度与建筑相结合，环境与建筑浑然一体，从而赋予建筑以生命。

中国北京澳景园

项目地址：中国北京市顺义区天竺镇新国展正南面
占地面积：90 000平方米
总建筑面积：60 000多平方米
开发商：北京澳金园置业发展有限公司

项目说明

一、项目概况

澳景园位于中央别墅区核心位置，项目北侧裕翔路紧邻新国展中心，南侧为规划路，日祥广场近在咫尺，西侧馨园路与欧陆苑为邻，东侧京顺路与空港开发区一路之隔，周边路网四通八达。项目总占地面积90 000平方米，总建筑面积60 000多平方米。建筑形式为独栋、双拼别墅，园区容积率0.69（地上建筑容积率仅有0.48），绿化率超过63%。

二、规划设计

社区总体规划整体呈一片优雅的树叶形态，每一个叶片形成一个组团，营造了7个“叶片”式居住组团，社区内道路则遵循树叶脉络形态设计。同时每个组团内通过“围合空间—半围合空间—开放空间”的序列性变化，既打破了传统的“兵营式”行列式布局，又避免了自由式的凌乱，从而增强了组团内空间的景观面及趣味性，从另一个层面满足了建筑采光的需求。

三、园林设计

园林亦打破传统的设计手法，以社区微地形来营造自然的园林效果，使每个组团之间随着微地形自然起伏，呈现出具有层次感、起伏感及趣味性的园林景观。此外，设计师通过对公共空间的充分利用增强了邻里沟通，进而满足了人们和谐生活的需要。

中国香港施动道21号

项目地址：中国香港特别行政区
设计单位：香港巴马丹拿集团

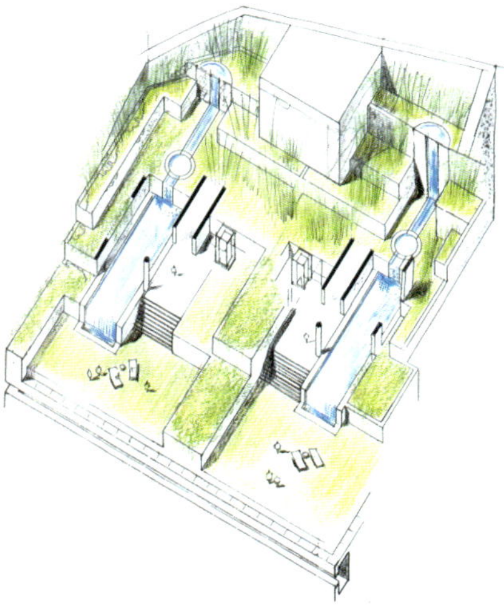

项目说明

山顶施动道21号兴建两座海景独立洋房，每座洋房高三层，建于多层的园林修筑的平台和流水之上。设计概念源自有机建筑，目标是将生活、建筑和自然和谐地连接在一起，建立一个独有的特色和个性。因项目的地势环境影响，其中一个设计困难是如何处理建筑背面20米高的挡土墙和建筑平台的关系。

最终两座洋房能成为四周景致的一部分，完美地跟青山和园林装饰的露台配合，全赖设计了一系列的瀑布、水池和花槽供植物生长，改善了自然环境的缺陷。

两座悬于流水之上的洋房，设计独特之处在于流水贯通了整个园林设计。水从防土墙高处的水池流出，流水顺着明亮金色的花岗岩流进下面狭长的游泳池。建筑采用了大量的染色低辐射反光玻璃，由米色的中庭支撑连接。悬于流水之上的屋子平衡点在其轴心，交错连锁在背后。

中国杭州金地·自在城

项目地址：中国浙江省杭州市
景观设计面积：88 000平方米
开发商：金地地产
设计单位：东大景观设计有限公司

项目说明

项目濒临市政景观河道，环境生态舒适，设计上最大程度地利用了地区优势，小区内绿化丰富，绿意盎然，同时设有多组水景精心点缀，与市政河道水体内外呼应，并在硬质小品设计施工上精雕细琢，营造出典雅舒适的高品质生活氛围。设计理念以寓意珍贵吉祥的翡翠为元素，设有翡翠岛、翡翠项链及翡翠花园等三组主题景观。

翡翠岛花园为小区的核心景观区，以自然生态绿岛为中心，外围散布小岛式的观景空间，带来层次鲜明的多样化生活体验。翡翠项链生态花园则以树林水涧作为人文及生活背景，突出杭州的绿色居住文化。绿带引导景观节奏，以曲线串联各景观片段。组团翡翠花园位于联排小区，以杭州市花——桂花、玉兰建园，营造鸟语花香的生活气息，并为老人、儿童设置了休闲舒展的活动空间。（本项目为合作设计项目）

中国佛山颐和盛世

项目地址：中国广东省佛山市南海区炭步镇
占地面积：405 800平方米
总建筑面积：503 900平方米
开发商：广州颐和集团有限公司

项目说明

颐和盛世位于广州花都区与佛山南海区交界之处的炭步镇，整个地块为官窑水库半环抱，占地面积达405 800平方米，建筑面积约为503 900平方米，是一个集高尚独栋别墅、双拼别墅、多层与高层商住楼为一体的低密度高档水景大盘社区。

项目充分利用其背山临水的自然资源优势，将流动水系全面引入住区，用水和绿色花园环绕建筑，形成私享岛居，把居住与生活融入自然之中。小区规划设计零距离接触珠江支流，江面宽达100米；可从家门口开船直接到达广州天字码头；户户都有环绕水系分隔，构成“每一栋房子都是一个岛屿”的内部居住格局；别墅均配有私家泳池。

中国成都天府长城二期

项目地址：中国四川省成都市
占地面积：39 600平方米
总建筑面积：150 800平方米
景观面积：39 598平方米
开发商：深圳市长城地产有限公司
设计单位：深圳市欧博设计有限公司

项目说明

项目在设计中运用了以下四个概念。

1.新都市主义空间。北面人行主入口及商业街作为小区的门户，将成为小区标志，体现现代都市的高品位、简洁与效率。

2.前庭后院式的空间。小区内部环境作为业主日常生活的空间，体现休闲舒适、恬静怡人、富有情调的空间设计。

3.台地花园的景观理念。利用半地下室与小区内周边地块的高差变化，引入台地花园的概念设计。

4.利用空间序列的变化以及台地的高差变化，体现一步一景、步移景异的设计。

中国台北慕夏四季

项目地址：中国台湾省台北市
占地面积：3 646.5平方米
景观面积：2 383平方米
委托方：桓邦建设股份有限公司
景观设计：六国景观设计有限公司
景观施工：老圃造园工程股份有限公司

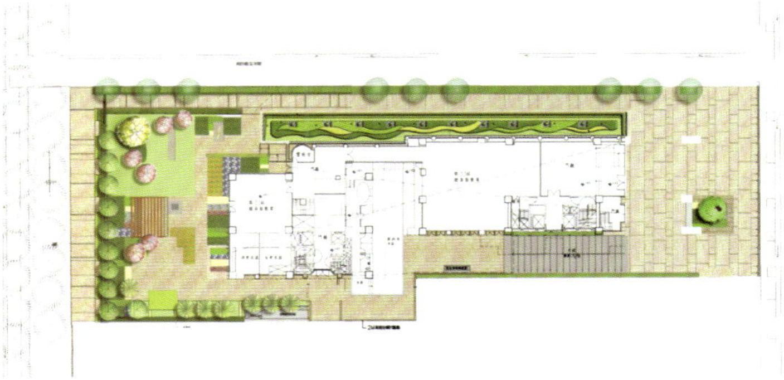

项目说明

这是水泥丛林中的绿色森林。

生活在车水马龙中的你烦躁，被水泥丛林环绕的你繁忙，紧张生活中的你想拥抱绿野，追求自然，享受休闲，品味人生将是你的最爱。

这里有花园城堡生活美学的新文艺复兴园林。

中国深圳新世界·四季山水花园

项目地址：中国广东省深圳市
设计单位：柏涛咨询（深圳）有限公司

项目说明

一、工程概括

本项目位于深圳市福田梅林片区，与梅林一村东部相邻近，三面环山，自然环境优美，山水景观资源丰富。南望莲花山，北靠大脑壳山，片区西北部是梅林水库和梅林公园。地块内安静祥和，虽居闹市，却远离喧嚣，是养生居家的最佳之选。

中国昆山大自然花园

项目地址：中国江苏省昆山市
占地面积：607 028.46平方米
委托方：中国大自然房地产集团
建筑师：Arthur Erickson　Kisho Kurakawa
景观设计：美国SWA集团

项目说明

项目占地面积为607 028.46平方米，包括了198座别墅、停车场、步行道、公园、娱乐区、花园、温泉、游泳池、港湾、游泳海滩、入口、样板房及别墅前院的俱乐部会所。在草地和不锈钢的使用、石头细节的设计、植物、水景的几何性比例上都与现行的建筑理念相符。

中国南京国信·自然天城

项目地址：中国江苏省南京市浦口区江浦街道沿山东路188号
占地面积：754 666.67平方米
容积率：0.3
绿化率：65%
开发商：江苏国信象山地产有限公司

项目说明

一、项目概况

国信·自然天城背依浩瀚老山，占地面积75.5万平方米，是典型的坡地住宅，依托山体，参差错落于老山之中，形成了一道颇为壮观的风景。该项目是一个由独栋、双拼、联排、叠加别墅和情景洋房等组成的高档居住区。

二、规划设计

该项目规划立足于保护老山风景区的环境，结合社会发展及市场需求，围绕住宅、商业、娱乐、休闲等各功能结构平衡展开，力求创造一个顶极的与自然和谐共生的纯生态社区，此社区在与老山风景区完美融合的同时，也将辐射到周边区域，从而营造出一个大生态空间。

设计师秉持“尊重自然，融入自然”的规划原则，依山就势融入浦口“一山二湖三泉”的大生态圈中，与老山、白马湖、佛手湖和谐共生。规划上尽量维持原生地貌，保留成活数十年的原生树木，将建筑融入自然，使建筑与水、山石、树木自然完美地结合在一起。整个别墅区依山就湖，建筑与环境有机融合，在山与湖的环抱中，静谧地舒展在老山山麓，从而营造了犹如在自然中生长、与自然和谐共生的生态别墅区。

三、景观设计

设计师充分保留了原有的自然生态植被，利用河流、陡坡等生态资源，打造出3 000米长的生态链，并结合或远或近、连绵起伏的山峰，以丰富的层次形成立体的山景及高低不一的观景视角。而这依托山体坡度建成的别墅群，在层层掩映的林海中，顺应80米的最大落差地势徐徐而下，营造出了建筑长于园林的优美意境。

中国广州海伦春天

项目地址：中国广东省广州市增城新塘镇永和永顺大道永联路18号
占地面积：约223 000平方米
总建筑面积：约331 000平方米
开发商：海伦堡地产集团

项目说明

一、项目概况

海伦春天位于广州东进核心增城永和经济开发区中心，地铁13号线沿线。项目占地面积约22.3万平方米，总建筑面积约33.1万平方米，是以别墅、高层洋房为主的现代简约风格的精品宜居优质住区，以及具有难得的舒适密度的坡地生态园林环境。

二、规划设计

该项目的整体布局以一条无遮挡600米水岸景观轴将小区划分为“一轴三区”的总体布局和道路骨架，600米无遮挡水岸景观的两边分区为低层别墅区、高层围合区、临路无敌视野高层三大区域。

整个项目由东到西，规划依势呈缓坡状，落差约17米，确保每户别墅都有良好的私隐性及景观性。

该项目拥有600米中心水岸景观轴、三级立体绿地系统设计，着力体现其系统性和生态性。交通组织采用先进的“双轴线”，人车分流式，社区道路，无障碍到户，形成一个个“归家流线”的设计。

三、景观设计

海伦春天的园林以尊重自然的设计思想为出发点，以“现代的意蕴，自然的灵感”为设计理念，整体园林风格采用现代景观设计手法，充分考虑该项目与自然坡地的结合，以600米无遮挡水漫香堤水景轴为核心，采用三层立体式次绿化空间设计，使园林尽显原生态的生活气质。

园林设计以浅坡为生态原型，借自然生长的灵感，移植“山、峡、谷”园林理念，以中心600米蜿蜒曲长的水景为主轴空间，通过渗入社区的纵向水体空间，创造丰富、适合居住的尺度；其中入口处布置1600平方米人工湖，与自然山体相互映衬，塑造独具一格的居住体验。

景观绿化不使用市政用水也是该盘的一大特色。小区水景全是活水，由山上泉水引入，保留山体和原有自然景观以及生态系统的融合；5～10分钟的步行圈或小区林荫步道，涵盖居民日常生活与工作的尺度，从而减少出行的需求，降低碳排放量。

中国广州合景泰富瑜翠园

项目地址：中国广东省广州市
占地面积：44201平方米
总建筑面积：126795平方米
容积率：2.48
绿地率：30%
开发商：合景泰富集团
设计单位：广州市纬纶建筑设计顾问有限公司
主要设计人员：范文峰

项目说明

一、工程概述

项目规划用地位于广州市白云区云龙洞渔沙坦村春岗中地块，周边的交通便利，地势平整。总规划用地面积44201平方米。总建筑面积12679平方米，容积率2.48，住宅密度30%，绿地率30%，住宅总户（套）数1098，停车位360个。

二、规划构想

本项目定位为有特色的中高档都市休闲居住社区，其核心价值目标是“都市中的休闲生活”。总体规划构思以人为本，从居住需求入手，结合城市规划要求，平衡环境控制和地块建筑容量的关系，务求创造富有现代生活特色的宜居环境成为本项目设计的重点。

充分体现对人的关怀——

规划通过对生活活动发展趋势的关注，来实现以人为本的设计思想。生活进入高质的阶段，将具有越来越广阔的社会功能，因而也将赋予其温馨的居住环境。

社区需要创造安宁、祥和的环境，对住户提供安全、方便的步行系统，为其活动提供各种形式的交往空间，开阔的绿化平台，通畅阴凉的架空层，到处可以有亲切的交流、友善的致意，使居住者有真正的家园感受。

中国上海金地·格林郡

项目地址：中国上海市青浦区
景观设计面积：120 000平方米
开发商：上海金地集团
设计单位：东大景观设计有限公司（项目与境外公司合作，总图由境外公司绘制）

项目说明

水是该项目景观设计的核心内容，设计师将“小桥、溪流、平台”作为重要的景观元素，使“家家有水景”，水从楼前过，房后有花园。水成为该设计的焦点元素，彰显出水乡情韵；而以线条简单、清晰的园建、景墙和场地轻松地点缀在水景旁边，与大环境“相得益彰”，简约而不简单，给人以轻松、愉悦之感。

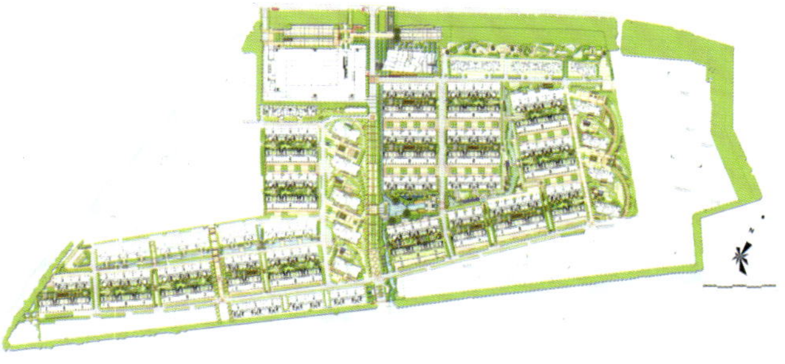

中国广州雅居乐·剑桥郡

项目地址：中国广东省广州市番禺区南村镇草堂村地段
开发商：广州番禺雅居乐房地产开发有限公司

项目说明

项目处于广州雅居乐花园东北部，其西端是南沙港快线，与大学城隔江相望，项目总占地近1000亩，最大的优势是有2千米长的江岸线，三面环山，小区内有三组天然的小山包。

在总体规划上，以地块内七座山峦为生态原型，借助北斗七星的灵感，设计了一条南北纵向的活水景观中轴线贯穿整个社区，将入口景观、主题水景、学校医院配套、绿化公园、风情商业街、六星级俱乐部、居住组团等连为一体。

中国深圳中海·大山地

项目地址：广东省深圳市
占地面积：174 998.4 平方米
总建筑面积：237 938.27平方米
开发商：深圳中海地产有限公司
设计单位：艾奕康建筑设计（深圳）有限公司
EADG泛亚国际景观设计有限公司

项目说明

项目位于深圳市龙岗区横岗镇，是一个具有山地特色的大型混合式居住社区，用地面积174 998.4平方米，容积率1.2，分4期开发，是低层高密度住宅和高层低密度住宅的混合体，强调居住环境与自然的结合。

景观总平面图
1 三角广场
2 室外游泳池
3 标志性水体
4 亲水平台
5 高处瞭望台
6 样板房绿化广场
7 沿山坡形成之绿化带
8 邻宅流绿化
9 水潭
10 车路交汇处
11 树荫大道
12 特色铺地
13 跌水池
14 亲水平台
15 山顶瞭望台
16 儿童嬉戏场
17 草坪
18 邻宅休闲区
19 户外停车场
20 障屏绿化

一、规划设计

项目设计充分利用山体坡地地形特征，因地制宜，保留有利的坡向和山体，弱化不利坡向，形成平地、缓坡、台地、坡地等不同基地形式，为住宅提供丰富而适于建造的基地条件和丰富的轮廓线，同时结合山地，对西北面快速干道形成天然屏障。在南区形成一山两缓坡，在北区形成一山三台地的地形特征。

二、景观设计

结合基地现有的优良山地资源，设计师提出了“山水风光”的概念，充分考虑了对景、框景、近景、远眺等多层次的空间视线组织，运用地形、种植、水系、道路呈现出步移景异的效果。此外，更巧妙地运用优越的地势条件设计出富有韵味的跌水景观，部分建筑直接融于水系，形成一大部分住户能观赏流水环绕的美丽景致，营造出独具一格的生态亲水社区。

设计突出山、溪、林三个特点。

山：南北两地块各有一个山顶公园，强调出本小区的一大特色，山体植被尽量采用能体现山野情趣的树种，保留一些土生土长的树木，避免采用过多的具有人工味的景树。

溪：南北两地块各有两条主要溪流，南区利用山地边缘修整出一条叠水溪流；而在北区则利用土坎设计形成山地式跌水景观，构成小区山野景观概念。水体的处理分为平水区和叠水区，顺应不同地形高差形成各具特色的水景风情。

林：整个小区的树木是小区景观未来的主体，建议树木种植和建筑融为一体，体现“treehouse”概念，同时小区住宅大部分为3层，可达到建筑掩映在树林之中的构想。

中国重庆中冶·北麓原

项目地址：中国重庆市
景观设计面积：80 000平方米
设计单位：奥雅设计集团

项目说明

一、项目概况

重庆中冶·北麓原项目位于重庆市北部新区鸳鸯组团，整体景观面积80 000平方米，其中示范区景观面积约15 000平方米。项目地形较复杂，整块用地内高差较大，总体呈西低东高，北高南低。该项目的建筑为现代风格，性质包括住宅和公建，示范区内的公建包含有主入口区的麦当劳外卖餐厅、临街店铺及公共会所。

二、景观风格的定义

根据该项目的建筑空间特点，设计师将景观空间定义为简约的北欧风格。既要有层次清晰的空间系统和简约、时尚的景观建筑，又要有静谧、秀美的植物景观。

图例 LEGEND
01 地下车库出入口 BASEMENT ENTRANCE
02 台阶 STEPPING
03 水景 WATER FEATURE
04 木桥 WOOD BRIDGE
05 水池雕塑 FEATURE SCULPTURE
06 座阶 STEP SEATING
07 中心大草坪 CENTER LAWN
08 花境 FLOWERING SPACE
09 挡墙 RETAINING WALL
10 观景平台 VIEWING DECK
11 雕塑 FEATURE SCULPTURE
12 座凳 SEAT
13 开放草坪 OPEN LAWN
14 雨水花园 RAIN GARDEN
15 特色框景 WINDOW OF VISTA
16 特色景亭 FEATURE PAVILION
17 观景栈桥 VIEWING BRIDGE
18 观景挑台 VIEWING DECK
19 电瓶车停放区 BATTERY CAR PARKING
20 风车 WINDMILL
N
1:800

三、设计手法

设计师在充分尊重基地现状条件和建筑规划各项要求的基础上，创造了现代简约、清新自然的北欧风格空间。根据特殊的赏景需要，设计师结合地块原有的悬崖地形边缘，设置了特色赏景步道和悬挑的观景平台。

四、设计内容

设计师将主要景观空间分为主入口区、中心水景区、山地休闲观赏区、会所区四个区，其中会所区基本保留原有设计，山地休闲观赏区为深度方案设计。此次扩充设计的重点为主入口区和中心水景区。

中国苏州嘉元阳光水榭

项目地址：中国江苏省苏州市
占地面积：306 153平方米
建筑面积：370 000平方米
容积率：1.2
绿化率：41.2%
开发商：苏州嘉元房地产开发有限公司

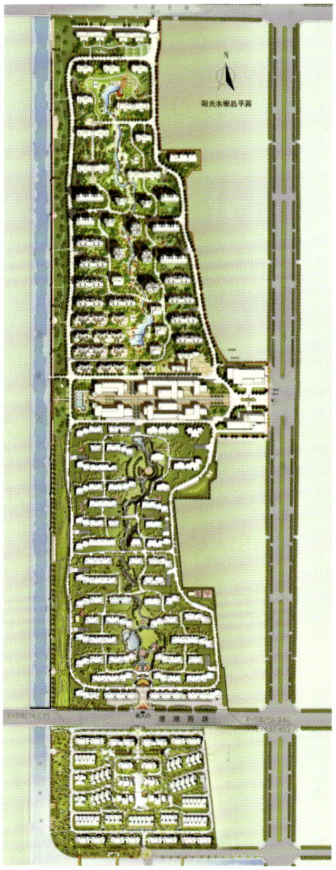

项目说明

本项目位于苏州城南。东临苏州中心路段“人民路”向南延伸段的东吴南路，西枕苏州城南最具特色的景观源泉西塘河，北靠石湖东路，南依规划路，由东向西贯穿社区的澄湖西路，把社区分为南北两个区块，且直通石湖风景区。该区现已成为吴中区政治、经济、文化中心。

在嘉元·阳光水榭一期、二期景观规划方案中，从南入口的跌水拾阶而下至北端的临水阶梯，蜿蜒的小溪贯通其间，与分布其左右和置于水上的景点共筑了一条收放自如、疏密得当的景观带。南北两片疏旷的空间，景观类型丰富，宜静宜动；中段营造的空谷溪涧则渲染了冥想的氛围；架空层也被赋予了不同的个性，或野趣，或禅意，同时也满足了遮阳避雨和休憩的功能。

中国上海浦江华侨城

项目地址：中国上海市闵行区浦星路800号
开发商：上海天祥华侨城投资有限公司
设计单位：上海中房建筑设计有限公司

项目说明

一、项目概况

浦江华侨城占地1.83平方千米，综合容积率仅0.7，成为上海难得一见的“低密度综合成片开发典范”，是一个有着居住、旅游、办公、商业等各种功能的完整的城市。项目包括80万平方米的住宅社区及浦江华侨城、23万平方米中心商业区、27万平方米办公区、10万平方米城区湖景等。项目整体开发以低密度规划为核心，拥有低容积率和高绿化率。

二、规划设计

整个城区由数十个300米×300米的方格矩阵组成，在方格的中心，是居民休息处；在方格的边界，是居民的私家花园，同时边界上的围墙也成了街面的景观。带有花园的住宅建筑围合出了人行路网，并在人行道的交叉口加宽路面，形成一个个小广场。入口朝向街区的中心。从规划的角度来看，所谓的生态就这样在这个城市的居住中心形成了。

项目大部分建筑仅3~4层，建筑间最大栋距逾200米，源自意大利的传统城镇规划手法，将最开阔的视野、最高程度的绿化交还给了居民，而点缀城区的大片绿地、花园、河流、湖泊等随处可见，步行景观道、绿化广场、组团中心绿地、区域中心绿地、中心湖、小河、景观水池等与建筑庭院、屋顶花园、建筑立面景观交相辉映，更使浦江华侨城成为一个和谐相融的有机整体。

三、景观设计

浦江华侨城采用独特的组团设计，让绿化深入到每个组团，呈现了一片树比房高、花园与房屋交相呼应的生活景象，房屋成了绿色的点缀，掩映在绿色景观之间。城区独特的环城河道，经过梳理和布局，使城区呈现出意大利式优雅闲适的生活情调，营造出了威尼斯水城般的浪漫气息。

浦江华侨城以意大利传统城镇规划的特色在新院邸上得到了淋漓展现。新院邸组团主要入口处，多株十余米高的冠木与绿色植被相映成趣，每栋院邸建筑沿着道路依次排布，配以丰富多彩的景观绿地，既最大化还原了城市风貌，为邻里交往提供了便利，更借由道路纵深塑造出了新院邸的庄重感。约190平方米的水景大宅，以11层的高度，占据着观景制高点，更可谓是华侨城别墅区的一道“绝美天际线”。水景大宅更独享观景高度和景观资源的双重优势。从浦驰路行进，沿线可以看到大片繁茂的植冠花木，逾5000平方米的景观绿化带，成为一道天然屏障。组团西面是9号地块中心水系景观，南面则是黎明河，与蜿蜒贯穿浦江华侨城的原生水系相连通。

新加坡赐福路公寓

项目地址：新加坡赐福路18号
占地面积：2750平方米
总建筑面积：3845平方米
建筑设计：Forum Architects Pte. Ltd.
摄影：Albert Lim

项目说明

项目位于城市边缘一个主要的住宅区。这个地方地势突然下降成低于路面四层楼高的平坦区。这一方面带来了建筑困难，而另一方面也打造了离城市只有5分钟路程的独特住宅区。

两个方形街区都是南北朝向，将热带气候所具有的太阳热量降至最低，同时它们带有由5个住宅单元和4个阁楼围合而成的下沉私家庭院。这个庭院有一个长宽各21.5米的游泳池。

居民可通过宽阔的门廊“行走过水面”进入他们的住宅。水的流动映射在天花板上，就好像水池映射着自然光一般，俨然一个光影重叠的蒙太奇。

居民可开车通过斜道进入路面以下五层高度的地下层，这个斜道因其外部竹林所围绕的游泳池上的天窗而显得光亮。

全高度的玻璃立面沉稳地设置在南北方向上，尽量避开了阳光直射，装饰了客厅空间，也引入自然光，同时还为客厅带来了畅通无阻的视野。特别是在游泳池那个楼层的单元，玻璃门可以拉开3.6米宽的过道，这样使得住宅单元可以自然通风，并将客厅和餐厅区转化成半开放的空间。

顶楼单元有屋顶露台和游泳池，充分利用了绿地所带来的愉悦感。

中国昆明世博生态园社区

项目地址：中国云南省昆明市
占地面积：2 589 988.11平方米
委托方：云南世博兴云房地产有限公司
设计单位：美国SWA集团

项目说明

昆明世博生态园社区的规划与设计概念是建立在对当地历史自然进程的理解之上的。总体规划的目标是通过重建和谨慎开发来重拾平衡。项目通过规划最易受影响和适合开发的地区，设计注重于创造一片健康、功能重造的森林。重建森林的概念包括了诸如可呼吸的高质空气、可饮用的高质水源、野生栖息地和物种多样化等与植物相联系的生态概念。

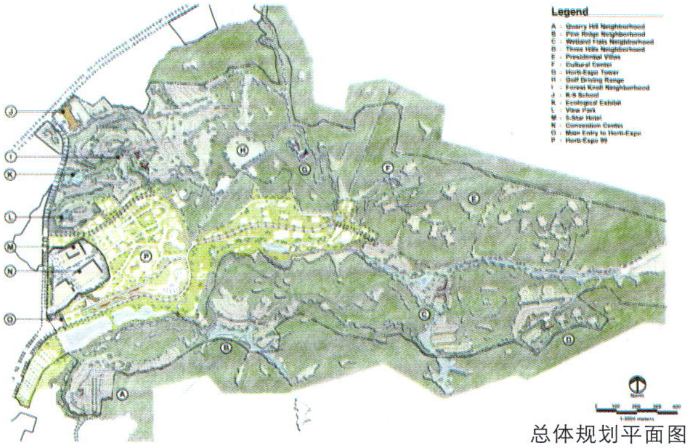

总体规划平面图

这个高度融合多种元素的社区采用了以土地为基础的设计手法。每个社区的大小适中，以避免因过度开发而导致生态系统的恶化。这些社区的元素都是多功能的，目的是尽可能自给自足。项目设施如房屋、商业区、教育和医疗机构步行便可到达。居民可以不借助交通工具就能购买到日常所需的物品，享受到日常生活的服务。

除此之外，社区被优质森林环抱，其设计理念是为了在此合理开发高效的能源以及基础设施的利用。应用的环保技术有：处理及循环使用废水，减少引入城市雨水所造成的峰流，楼房采用正确朝向以减少热量或寒气的积聚，使用太阳能补给系统来减少能源使用，集中开发以保护及重建森林和水文走廊。

景观理念基于生态与生活习性之间的平衡，包括绿色屋顶与当地景观特色的结合。贯穿整个项目的湿地就是这种平衡的典型例子。游客会发现：植物多样，空气纯净，水流清澈，而且野生动物保护得很好。在这种美景之下，景观也有其实用性。这些功能有：对雨水进行储蓄和处理来补给地下水，用于非饮用水用途；对社区生活污水进行生物处理净化，同时也作为储蓄灌溉和灭火用水的池塘，减少附近片区的能量使用。

中国常州华润国际社区

项目地址：中国江苏省常州市
景观设计面积：43 548平方米
开发商：华润新鸿基房地产（无锡）有限公司
规划设计：香港捷奥国际设计顾问有限公司
建筑设计：日本 M.A.O.一级建筑士事务所
景观设计：香港捷奥国际设计顾问有限公司
主要设计人员：杨大庆 Mr.Henry R.Relucio 张燕 李金芝 吴嘉珲

项目说明

项目位于常州主城区内，开发商对景观的概念构想是建立主题形象为区域级公共交流中心的生态体育公园，售楼处形象为公园中的房子。

景观设计遵从规划的空间格局、自然的生态过程。强调人文景观的再创造，体现时代特征，构思新颖的景观，充分利用本地的材料进行设计，并充分结合基地周边环境。建立人与空间、人与水、人与人、植物与水等的亲切、互利的关系。

项目设计主题为“半岛边的健康院景”。推开前窗，是一片碧水蓝天，打开后窗，是一面草绿山幽，使人们身处在这山水之间，感受难得的半岛生活。2000平方米的水景与10 000平方米的地形构筑出亲切宜人的空间。

中国北京奥林匹克运动员村

项目地址：中国北京市朝阳区
总占地面积：27.55公顷
总建筑面积：6.45公顷
容积率：0.23
景观规划设计面积：21.1公顷
设计单位：EADG泛亚国际景观设计有限公司
北京天鸿圆方建筑设计有限责任公司
北京城建设计研究总院有限责任公司
主要设计人员：李丹 唐少文 刘京 陈奕仁 Michael Erickson等

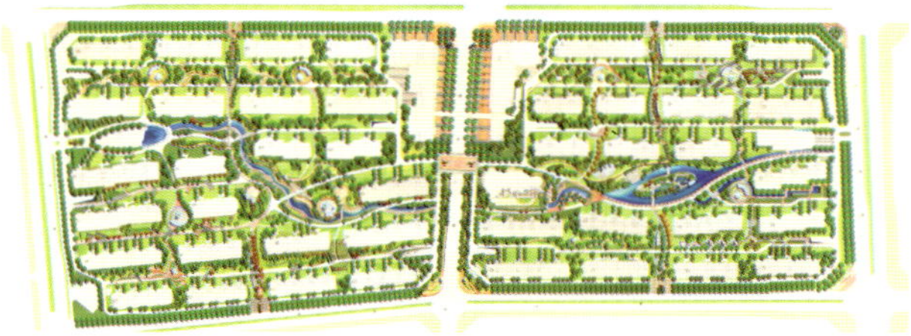

项目说明

景观设计概念是运用超现实主义的现代手法来表现中国的自然地貌。中国地大物博，包含许多独有的自然景观，比如桂林山水、戈壁大漠、长江、黄河和喜马拉雅山脉。文化元素并未被景观选择作为一个主要阐述的工具。中国区域代表性的凉亭、烹饪、艺术、家具等，可能不能很准确地诠释设计概念。

如果不能很具代表性地表现出来，可能会适得其反。然而，中国各地的风光是大自然赋予的，也是最适合用景观来阐述的一个主题。

主题产生的区域是中国自然地理意义上的区域。东北面是大兴安岭、五台山等名胜；西北面是戈壁沙漠和鄂尔多斯大草原；西南面是著名的喜马拉雅山、云南梯田；东南面是江南小镇、南海群岛、桂林山脉。生命之河——长江贯穿其中。景观将由中心水系——长江把四个区域串联起来，并以此从细节和平面形式上区分四个主题区。

中心的商业开放空间代表了中国自身的经济发展。在每个区域里，从中国不同地区发展出的景观形式，代表了对雕塑性的、超现实的地理形态的诠释。积极空间和消极空间的形式与周围的软景混合在一起。

中国东莞富通理想0769

项目地址：中国广东省东莞市
景观占地面积：17 000平方米
开发商：东莞富通新家园房地产有限公司
设计单位：加拿大AEL景观设计有限公司

项目说明

东莞富通理想0769东临四环路、麦德龙和华南MALL，距离五环路、东江大道、莞穗大道、东莞市人民医院新址均在5分钟车程内。

南北两大分区通过中心景观带及水系联系在一起，整个居住区围绕着中心景观轴线及水系展开。中心景观轴线西侧布置各类球场，结合运动型会所，形成一条运动主题大道，为居民提供健康休闲的绿化场所。水系贯穿全区，将各院落连成一体，多元化多层次的水景，功能景观并重，打造亲水人家。

水系及中心景观轴线周围是多个以南北向为主、9～11层板楼围合成的独立院落。小区居民既有大庭院，又有自己的小庭院。在空间上各有归属，在景观上更是变化丰富。

设计中将区内区外道路标高作竖向变化，既使居住区道路分别于城市道路，又使庭院分别于居住区道路。道路与庭院的高低起伏，更好地实现了人车分流，动静分区，在景观上更加别具一格。

整个小区景观自然流畅，有主有次，有分有合，结合现代雅致的建筑形式构成了一道美丽的城市风景线。

中国北京富力湾

项目地址：中国北京市顺义区
占地面积：22.6公顷
委托方：北京富力地产
设计单位：北京源树景观规划设计事务所
主要设计人员：白祖华　胡海波　张鹏　丁玲　孟江月　夏强　汤进

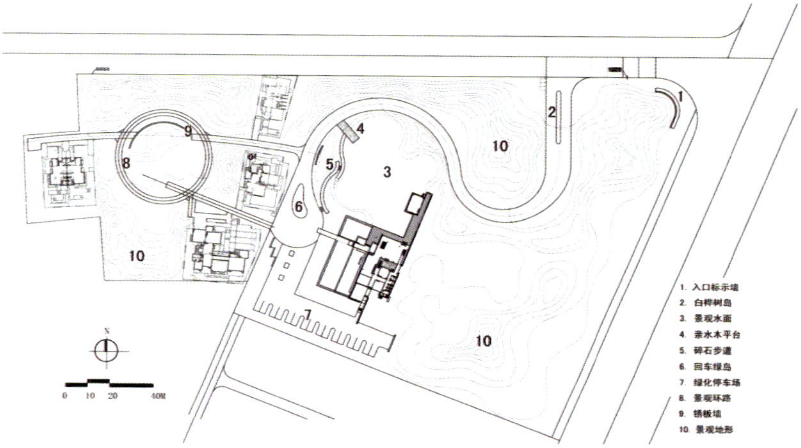

项目说明

富力湾别墅项目位于北京市顺义区马坡，占地22.6公顷，为富力地产首个别墅项目。景观设计以新亚洲风格为代表，通过简洁的设计语言及丰富的植物景观体现出现代住宅舒适宜居的生活品质。

中国淳安千岛湖翡翠岛别墅

项目地址：中国浙江省淳安县千岛湖翡翠岛
景观设计面积：约4 500平方米
开发商：杭州通盛房地产开发有限公司
设计单位：杭州安道建筑规划设计咨询有限公司
首席设计师：赵涤烽
设计负责人：夏芬芬
设计团队：龚黎黎　徐玲　徐璐

项目说明

一、项目概况

翡翠岛别墅融合了山地别墅和滨水别墅的双重精髓，是真正意义上的山水别墅。别墅以连绵的岛屿为背景，坐落于向湖面伸出的山脊上，使该景观区域拥有极佳的景观视点。山体的植被以高大的松林为主，穿插了低矮的乔灌木。挺拔、高大的树干向天空延伸，强化了岛屿良好的生态面貌。

二、设计理念——与山水共生

自然山水已与人类情感融为一体，成为现代都市中忙碌的人们所追求的理想栖居地。该设计根植于当地文化背景，结合场地特征构建新的休闲度假景观，创建优美而富有个性的景观。

设计因地制宜，借势造景，凸显景观价值。

保持环境的原生性是该设计的出发点。设计以建筑特质和空间形态为依据，塑造了与之契合的景观。

三、景观空间设计

整个样板房景观以伸进建筑架空层的长形泳池为景观中心主轴，与开阔的阶梯式草坪及远处的观景平台连成一体。

景观的视觉开敞性是较为突出的特点。别墅位于山脊顶端，三面临水，形成一个向外的景观空间。朝向东面开阔湖面的区域是中心主景区，在西面入口木栈桥下设置内院。这个半封闭的空间有着别样精致的江南味道，各个空间以石阶小径相连，开开合合，抑扬顿挫似一曲悠扬深远的江南丝竹。

中国香港万景峰

项目地址：中国香港特别行政区
设计单位：泛亚环境有限公司

项目说明

万景峰是一个多用途的综合项目，由信和置业有限公司和香港市区重建局共同开发。

公共开放空间位于一楼，零售商店和娱乐场所分布于5个楼层。停车场楼层内的巨型垂直绿化墙，已经成为一个具里程碑意义的环保设施。住宅景观的特色是一个大型游泳池和由许多现代化的设施连接的室内和室外空间。

citywalk

美国伍德伯里村

项目地址：美国衣阿华州伍德伯里县
委托方：Irvine Community Development Company
规划设计：美国SWA集团
建筑设计：BAR建筑师事务所
景观设计：美国SWA集团
主要设计人员：Richard Law, Jim Maloney, Geoff Turnbull, David Gal, Bingshan Chen, Trent Okumura

项目说明

项目是一座以人行道为主的带有商铺、住宅和办公用途的村庄中心，占地面积5665598.99平方米。游憩场成为村庄中心和社区、休闲及教育场所之间的重要联系。项目还设计了一个4828.03米长的线型公园，开放式地连接了高山和湖水。

项目的娱乐中心带有一个593.19平方米的温泉池，一个332.13平方米的成人度假池，一个427.35平方米的少年奥林匹克池，一个23.69平方米的许愿池，还有一个10.68平方米的水疗池。与温泉池相邻的是一个交互式的儿童水景花园。这个娱乐中心还有四个露天的网球场、一个露天的篮球场、一个沙滩排球场和一座用于房屋管理办公和社区聚会的大楼。

新加坡圣淘沙升涛沙豪宅

项目地址：新加坡圣淘沙湾
总楼层面积：668平方米
总建筑面积：770平方米
建筑设计：Forum Architects Pte. Ltd.
摄影：Albert Lim

项目说明

项目位于色拉逢山的斜坡之上，坐享畅通无阻的海洋及色拉逢高尔夫球场的美景。该房屋结构呈线形，长的一边沿着海岸线平行延伸。与大楼立面垂直的板岩墙固定着东面角落的一个浮动梯。为了将景观最大化，这座住宅被设计成四个叠加起来的楼层，所有房间都朝向东面。在架构设计上清晰地设计了诸如门廊、浴室和后院等空间，这些空间都依偎着倾斜的平台而设置，客厅和卧室这些主要的空间则享有俯视私人泳池、高尔夫球场和海洋的广阔视野。

从后院通向房屋的通道可以看到坚固的石灰岩石头、木材和钢构墙。位于二层的客厅和卧室拥有跨越其邻边植被，通向远方的畅通无阻的景观视野。由于光线一方面从落地玻璃窗进入，另一方面从楼梯顶上的天窗进入，这个以大理石为砖瓦的客厅在白天的时候成了开放和令人愉悦的、光线充足的空间。环绕二层楼层边缘的外部平台将客厅区域延伸至室外。而一层的休闲区和会客区则向凉爽的户外平台和小型游泳池开放，与它们结合得天衣无缝。三层的主卧室和其他卧室都可以通往顶楼的屋顶平台。这个屋顶平台是一天结束后，可以远眺岌巴港璀璨夜景的一个安静的好地方。

中国广州玖珑湖

项目地址：中国广东省广州市花都区
占地面积：240 250平方米
总建筑面积：166 484平方米
开发商：新鸿基地产开发有限公司
设计单位：香港吕元祥建筑师事务所

项目说明

玖珑湖住宅区位于离广州市区约20分钟车程的花都区，且坐落于34 446 841平方米青山所环绕的自然湖区中。该开发项目契合了景观的轮廓，将别墅建于深陷峡谷中伸出的坡地上。玖珑湖的侧面往北和往南是龙湖高尔夫球场的绿地，这个球场是2010年亚运会的赛场之一。玖珑湖毗邻花都区航运、海运和陆运发达的物流枢纽。

设计考虑了这个地方的自然轮廓。开发项目的入口建于一个深陷的峡谷之上，旨在将其与沿项目干道伸展的湖泊和呈阶梯状的池塘融为一体。这些景观为住宅区入口以及坐落于其中的别墅都呈现出美妙的景观。其他的别墅则建于沿着山谷而上的斜坡上，因此大部分别墅都能享受高尔夫球场自南向北的全面景观，同时发挥最大的地盘平整度。边界上的树木被当作开发区的屏风保留下来，以此保护位于该地边界上别墅区内居民的隐私。项目的另一个特点是将循环水用于灌溉、冲洗和装饰的水文要素，并且将采集到的雨水重新加工处理，就地使用。

中国上海明园揽翠苑

项目地址：中国上海市
设计单位：上海中房建筑设计有限公司

项目说明

明园揽翠苑位于上海市闸北区，基地西临共和新路、东临平型关路。基地选址位于原上海电气集团造纸机械有限公司厂址，厂区用地上有一横两纵的3条绿化林荫大道，这些林荫大道由树龄为10~50年不等的香樟树、广玉兰、雪松、法国梧桐等珍贵树种组成，厂区环境树木参天、郁郁葱葱、生机盎然，绿化、树木极具保留价值。

绿化景观规划坚持保留为主、移植为辅的原则。通俗地讲，就是在旧建筑原址上造建筑，原有树木就地保留及营造景观，最大限度保留及打造生态小区。

中国深圳万科·天琴湾

项目地址：中国广东省深圳市
景观设计面积：300 000平方米
委托方：深圳万科地产
设计单位：SED新西林景观国际有限公司

项目说明

天琴湾位于深圳东部黄金海岸旅游度假胜地——大、小梅沙之间，拥有无敌海景和独一无二的至尊配套。超级会所、私家直升机停机坪、国际游艇码头、观景缆车、五星级涉外酒店，将成为业主“皇家专属自然保护区”的约7万平方米的原始森林，将建设成为南中国首席半岛别墅，成为中国国内顶级别墅的重要代表。

作为华南区首席别墅，“海景”是项目最大景观资源优势，通过资源的稀缺性突出该别墅项目产品的差异性和唯一性。景观设计充分体现天琴湾项目的市场定位，以“演绎贵族心灵，享受自在人生”为主题，创造一个景观环境自然和谐、建筑空间独具特色、社区氛围高贵典雅、生活品质格调高尚的海滨高级别墅区，既要表现出项目的尊贵感，提升客户身份;又要满足客户对自由的追求，对海的向往。48套别墅，每套都别具一格地拥有自己的独自领地，自身一体的艺术气质，与周围环境恰如其分地融合，没有人工雕琢之感。

住在这里的业主“看到的只有山、水、天；听到的只有海涛、风声、鸟鸣；闻到的只是山间的花香和空气中负离子的味道”，可以“隐居山林，享受海湾生活”，运用自然元素配合现代设施来营造一个独特的休闲居住环境，让人足不出户也可以享受迈阿密的天空、那不勒斯的海岸、墨尔本的海岸公路、夏威夷的度假天堂……

土耳其博德鲁姆视点

项目地址：土耳其博德鲁姆
设计单位：GAD Architectural Office

项目说明

作为一座拥有温和气候和活跃生活方式的城市，博德鲁姆不仅因为是土耳其最适合居住的地方而闻名，更是因成为世界上最具有吸引力的居住城市而美名远扬。视点项目位于博德鲁姆市中心，在土坡上可以俯瞰小艇停靠区，并且饱览大海和城堡的美景。

项目主要目的不是为了建造一个商业区，而是试图为业主打造一个将舒适和高质发挥到极致的环境。正因如此，公司在设计这个项目时考虑了太阳运行的轨道，白天光线的角度，日升日落的角度，小道的大小和方位。在此基础上，花园和游泳池也被构思到了设计中去。

中国苏州东城郡

项目地址：中国江苏省苏州市
用地面积：35 000平方米
建筑面积：147 000平方米
开发商：苏州工业园区建屋发展置业有限公司
设计单位：深圳欧博设计公司

项目说明

项目地处苏州工业园区湖东区首期组团。基地北邻钟园路，东邻南施街，南邻通往社区邻里中心的组团规划道路。现有场地平整，场地中心有部分自然水体，场地东西宽约186.71米，南北长约362.95米。

总平面布置设计意念强调保护自然生态，充分利用河畔绿化带，基地中部结合原有水体进行整治，与内河体系及社区中心成为一个有机的秩序完整的空间序列，营造特有的人文景观空间。设计意在苏州园林风格室外空间的现代表达。住宅呈南北向行列错落式布局，结合室外庭院空间的设置和步移景异的人行栈道，再现“宅园合一”的地方特色。

中国杭州坤和·和家园

项目位置：中国浙江省杭州市西湖区西穆坞
占地面积：589 208平方米
总建筑面积：974 492平方米
容积率：1.2
委托方：坤和建设股份有限公司
设计单位：上海中房建筑设计有限公司

项目说明

杭州市坤和·和家园四周环山，绿树成荫，成团成簇，中区场内有池塘数片，背山面水，深得风水之妙。此地隶属为千年古镇，宋称西溪，高宗南渡，欲建都于此，可见此处山清水秀，人杰地灵。区内树木高大繁茂，且多为香樟、无患子、水杉等景观树种，环境更为优越。但地势几经改造，沟坎跌宕。基地周边皆为风景区，北侧隔山而望的西溪湿地面积颇大。

设计理念

整合地形、顺应山势。通过对地形整合，使地势与山势融为一体，实现山情野趣。利用现状的不同高差，通过平台式车库、半地下车库、全埋式车库或双层车库等设计，来实现山势与小区内地势的相连并形成自然缓坡与山融为一体。

在防洪蓄水的基础上，让山水成为小区的脉系，保留原生态水系，使居者兼得自然山水。人居山中，泉水清冽，顺流而下，汇入池中。所谓泉汇龙潭、因势而瀑的妙处也只有山中可见，鸟鸣山涧、流水淙淙的意境也非人工可造。设计中引山体之水进入小区，从而山因水而润，树因水而茂，居者倚水听佩环，自有一番诗情画意。如遇枯水旱季，大小卵石铺砌的旱溪也别具一番情趣。

和家园现状有树木千余棵，重点保护的有400余棵。对此不变动，保留树木的基面，最大限度地保护原生态林木。建筑布局服从自然、让位林木而甘当配角，使基地山水茂林得以显露。人们拾阶而上或寻坡而下，使功能、景观、山趣融为一体。

中国上海万源城·逸郡D街坊

项目地址：中国上海市
占地面积：113 404平方米
景观面积：56 639平方米
委托方：上海城开集团
设计单位：日本M.A.O.一级建筑士事务所
主要设计人员：林小宇　王媛媛　王鑫平　向颖　陈杰　曹倩　袁广

项目说明

项目分别从空间的对比，地形的塑造，以及景观化交通来实现公园化。

空间的对比：欲扬先抑，使原本有限而单一的空间富有多样化，形成强烈的空间对比，求得小空间的大景观效果，强化纵深感和开阔感，以此形成公园的基本空间感觉。

地形塑造：项目在地形设计的基础上，通过多层次的绿化设计，强化出地形变化，打破现状条件的限制，创造能够控制最佳视觉效果的“地形”环境，使人们的视线从高层建筑的压迫感转移到绿意嫣然的地形设计与绿化设计，在竖向设计与视觉控制上形成公园化。

景观化交通：借鉴西方现代景观设计中“Parkway”的概念，尽可能地进行人车分流处理，避免内部交通系统的“市政化”感觉，营造不同路段其不同的景观空间特征，通过两侧的景观设计引导视线变化，使其欣赏到最佳的景观空间，从细节上进行公园化。

中国无锡塞维拉假日花园

项目地址：中国江苏省无锡市
开发商：无锡宏普房地产开发有限公司
设计单位：谢晓英景观设计工作室
设计：谢晓英　瞿志

项目说明

无锡赛维拉花园位于无锡锡山区，占地约12公顷。小区中心景观设计利用地块内原有河道，以最经济的方法，对水体进行净化处理，形成小区的中心绿地景观。充分利用河岸边现有的姿态优美的树木，形成独特的风景。河东岸种植成片的竹林，林中分布休闲空间，设小路穿越，使得景观空间丰富而有戏剧性；河西岸种植成片的樱花，并点缀梅花、海棠等以延长春季花期，背后衬以高大的银杏、枫树等秋季彩叶树，并合理配植了冬季常绿而有观赏价值的植物，如桂花、柑橘、石楠、海桐等，这使得河西岸的景观四季如画；河西岸300米长的木栈道串联了四座小型主题花园；河上四座步行“亭桥”中的两座桥之间是深池净水设施，桥面遮盖了拦水坝；“亭桥”设计是从中国传统建筑中的廊桥、亭榭、美人靠等形式中获得的灵感。

加拿大温哥华港湾新月

项目地址：加拿大不列颠哥伦比亚温哥华
占地面积：46 539平方米
设计单位：美国SWA集团

项目说明

项目的公寓大楼的首层都带有商铺、餐馆和店面，项目还包含带有喷泉的步行区、海湾、公园、室内庭院以及连接港湾新月大道和周边街道的人行道。设计旨在维持视野，为行人提供接近水景，以及交通和非交通活动的途径，并保证隐私性和可靠性。

中国武汉金色港湾

项目地址：中国湖北省武汉市
景观设计面积：50万平方米
开发商：武汉新港房地产公司
设计单位：深圳奥雅园境师事务所

项目说明

武汉金色港湾占地50万平方米，紧依烟波浩渺的三角湖畔，设计以欧洲风情小镇及威尼斯风情水街为主旨，利用4000米的漫长湖岸线，设计了风情水街及漫步道、游船码头、钓鱼台、沙滩浴场，曲水流觞、别致的小桥流水等，突出现代、生态、家园与地中海文化等主题特色，使自然景观与人工景观有机结合，精美的硬质景观和本地的乡土树种为主的绿化相结合。在建筑布局的形式上，采用符合中国人居传统的围合规划和分院落设计，着重强调社区的整体和谐。“金色港湾” 因为出色的环境设计已成为武汉的明星楼盘。

中国北京倚林佳园

项目地址：中国北京
占地面积：10公顷
容积率：1.8
开发商：北京科林房地产开发有限公司
设计单位：谢晓英景观设计工作室
设计：谢晓英　王磐岩　林鹰　张丽萍　瞿志　王伟　曹炳轩

项目说明

一、项目概况

倚林佳园位于北京市北郊洼里乡，总占地面积10万平方米，绿化面积31604平方米，绿地率31.6%。小区与5 000亩森林公园相毗邻，生态环境十分优越。小区规划定位为“高尚居住区”，住宅建筑包含叠拼别墅、联排别墅等多种形式，建筑容积率1.8。

总体规划将小区东侧森林公园的绿色引入小区，沿东西方向组成绿轴，在小区中心形成具有一定宽度的带状绿地；同时，将小区划分为居住组团，根据各组团建筑布局差异，形成不同形式、面积的宅间绿地。

二、设计构思

倚林佳园环境设计本着以人为本的指导方针，突出绿色生态景观，并附以人性化、生活化、趣味化的休闲活动设施，强调建筑与环境的充分融合，营造一个舒适、安宁、环境优美的现代化绿色社区。

1. 深化总体规划中的合理布局结构，适当调整绿地划分，提高小区道路绿带宽度，重点设计中心绿带花园，建设绿色停车场，力求最大限度地发挥环境绿地的生态与景观作用。

2. 景观设计结合规划分区，综合考虑小区功能设施及北京自然环境条件等影响，通过植物配植品种设计、铺装设计、小品设计及小区导示系统设计等方式，提高空间标识性及趣味性，丰富场所变化。

3. 小区绿化体现“户户倚林”的环境设计主题，林荫道、中心花园及宅前绿地种植50%的成树；同时重视垂直绿化，增加绿化覆盖率；精心选择植物材料，使四季景观变化丰富。

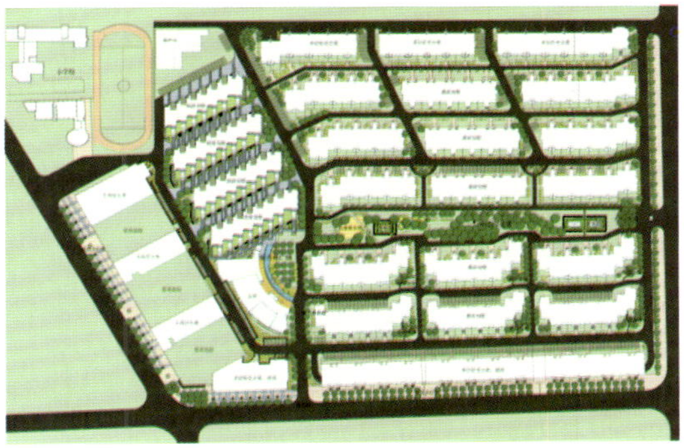

中国深圳财富港

项目地址：中国广东省深圳市宝安区
设计单位：美国古兰规划与景观设计公司
　　　　　深圳市古兰景观设计有限公司

项目说明

一、设计指导思想

设计师尊重财富港的地域环境，因地制宜，巧于利用建筑结构，保护生态环境，力求实现财富港与生态环境的和谐共融。

二、设计理念及手法

以高尚、现代、自然作为景观设计理念，用流畅的线条和规则的几何构图，组成功能明确的景观空间，使整体布局既符合逻辑，又充满激情。在空间的表现手法上，设计师运用动与静、开放与私密、现代与野趣的对比，创造出有节奏、有韵律的空间，并采用了许多既生态又经济的现代造景元素。

设计师综合考虑了小区的建筑风格。从主入口到中心广场区域形成了良好的视觉和空间，同时也使景观和建筑融为一体。设计师紧紧抓住楼盘所在地的地域特征，通过景观材质、道路以及空间小品体现了大气、宜人、现代的空间品位。

中国惠州明丰·东江府

项目地址：中国广东省惠州市博罗县园洲镇
开发商：博罗明丰置业有限公司
设计单位：广州瀚华建筑设计有限公司

项目说明

一、项目概况

惠州明丰东江府南临东江，与东莞市企石、石排两镇隔江相望，西与东莞石龙镇相连接，距石龙镇政府所在地的新镇区仅10分钟车程。该项目地块呈东西向长条状，高居于东江堤坝之上，视野十分开阔，是一个引领时尚的高品质居住小区。

该项目整体规划占地面积110 667平方米，建成后计算容积率建筑面积为390 804平方米，总建筑面积大约476 900平方米；其中一期总建筑面积67 782平方米。

该项目定位为东江岸边高端豪宅，目标客户为园洲及东莞地区的企业主和企业高级管理职员等。整个项目配以良好的休闲空间和新颖的住宅户型，为居住者提供一个高素质的居住休闲空间。

二、规划总平面设计

总体规划设计扩展了“人与自然和谐相处”这一设计概念，从整体环境设计入手，逐渐展开，以明丽、顺畅的建筑语汇构筑精巧的布局。整个项目和谐自然，望眼皆景。

该项目坐拥无敌江景，住宅楼呈条状沿地块南北两侧布局，形成城市公园规模的小区内部中心花园。南侧建筑的东西间距尽量拉开，这样不仅南侧的住宅能够看到江景，北侧的住宅也能通过南侧建筑之间较大的间距获得望江景观。同时户型内设置观景绿化大平台，可充分享受花园般的绿化环境和超大面宽的优良景观。一期住宅全部采用一梯两户，使每户都能从南北两个方向看到远处江景和小区中心花园，促进住户与周边环境的对话，提升住户生活品质，以达到人与自然融为一体的诗意境界。

中国重庆梨树湾

项目地址：中国重庆市
占地面积：60 941平方米
总建筑面积：272 952.36平方米
容积率：3.78
绿化率：34.12%
开发商：重庆融汇投资有限公司
设计单位：筑博工程设计（集团）股份有限公司

项目说明

一、项目概况

重庆市梨树湾位于重庆市沙坪坝区西南角，北临站西路及襄渝铁路，南临渝长高速公路，东至重庆火车北站，西往未来的梨树湾火车站，直接通往三峡广场、沙坪公园等多处购物与休憩的上佳去处。用地范围内有城市次级河流清水溪通过地块中间。清水溪及保护绿化带的宽度为60米。

项目总用地面积为60 941 平方米（不含清水溪和防护绿地），清水溪将地块分为两部分，其用地面积分别为46 726平方米和 14 215 平方米，清水溪及防护绿地的用地面积33 618平方米。

总平面图

中国北京湾流汇

项目地址：中国北京市昌平区
占地面积：193 278平方米
建筑占地：140 900平方米
设计单位：ECOLAND易兰

全区彩图

项目说明

湾流汇位于北京市昌平区小汤山区域，东侧紧邻20 000平方米湾蒲公园，南侧拥有6 000平方米集中绿地，自然资源丰富。设计注重于自然环境与社区环境的整体融合，整个项目自然地融于葫芦河的优美风景之中，依托西高东低的平缓坡地，将外部河岸水景与内部叶脉式水系有机地连接，拓展出全溪境的空间体验，体现对自然环境本身的尊重。

住区内部景观通过指状组团与叶脉式水系的结合，结合多露台设计实现最大化临水景观，下沉式庭院带来错落有致的多重庭院效果，配合庭院绿植及公共区域的植被达到空间柔性划分、虚实自然转化的效果。这些多层次空间营造方式，实现了生活空间的拓展和外部自然环境的沟通，优化了住宅的景观价值，营造出更多样化的家庭亲水环境。

在项目中，还采用了一系列生态环保措施：如从成本与水质综合考虑，采用了自备水源深井；水系水充分循环利用，尽量减少清水补充量；为保持水流自身复氧，增加跌水并适当提高跌水高度；水系与周边绿地进行结合，通过增加植被的郁闭度，来减少水中藻类的滋生，在中心部分宽水面部分，设置不同深度的水生植物种植区域，创造和保持独特的水体景观。

中国东莞丰泰·观山碧水

项目地址：中国广东省东莞市厚街横岗水库旁
占地面积：1 000 018.69平方米
总建筑面积：800 000平方米
容积率：0.8
绿化率：45%
开发商：东莞市丰泰华园山庄建造有限公司

项目说明

一、项目概况

丰泰观山碧水位于东莞市厚街横岗水库旁，北连东莞市城区，南邻虎门港。毗邻25万平方千米的东莞森林公园和厚街海逸27洞高尔夫球场。该项目由300套独立别墅、100多套联排别墅、3 000多套小高层、高层洋房组成多业态的综合性楼盘。该项目共分四期开发。

二、规划设计

丰泰观山碧水是一个环湖依山而建的社区，占地面积大，而地块的表面高低起伏，同时拥有两座山头作为基础，有利于营造多重立体的完美的园林景观；观山正好处于山水环抱的中央，天造地设，形成一个背山面水的基本格局，是一处没有城市喧闹，也没有工业污染的纯生态居所。

从整体来看，该项目充分依托现有地形和山势，整组建筑呈线性散落展开，并以依山就势，匍匐于山中的路径，将略有转折的空间序列贯穿起来。建筑体量因而被切小，以适宜的尺度和自然山水形成对话，同时散发着浓郁的美式风情。

三、景观设计

站在丰泰观山碧水的最高点，一眼望去，是鳞次栉比、错落有致的一层层建筑，而最远处的湖景更是一览无余。虽然建起了一栋栋别墅、一幢幢的高楼，但山还是那座山，湖还是那片湖，原有的自然景观层次得到了完整的保存。这就是丰泰观山碧水的设计理念，让人、空间和自然更加和谐。

该项目设计不仅尽可能地保存原有植被，还让所有建筑都顺着山的走势而建，建筑的层次感体现了山的层次感。

步入丰泰观山碧水，环湖景观大道令人神往。该景观大道连接了主要入口、商业及沿湖公园型景观。特色为临湖依山而建的大型别墅群，这些别墅掩映于绿林中，可俯瞰山水景色，并具有良好的私密性；高层住宅群布置在西北部，可俯瞰整个小区中心景观以及周边的自然景观。商业位于项目的主入口处，使居民及访客能够一览无余地观赏沿河及周边地区的景色。

中国鹤山十里方圆一期

项目地址：中国广东省鹤山市
占地面积：约420 000平方米
总建筑面积：219 425.26平方米
容积率：0.55
绿地率：56.1%
开发商：鹤山市方圆房地产发展有限公司
规划设计：香港RMJM建筑设计集团
建筑设计：深圳市筑博工程设计有限公司
景观设计：ECOLAND易兰

项目说明

项目位于鹤山东部新城区，九江大桥南侧，佛开高速公路325国道南侧，交通便利、地理位置优势突出。

项目共分四期开发，一期占地面积约420000平方米，总建筑面积219425.26平方米，容积率0.55，绿化率56.1%，位于总规划用地的西侧，紧邻佛开高速公路325国道、鹤山大道，交通条件极为便利。

项目规划总平面图

项目用地的地形按风水学来讲，呈“藏风纳气，百鸟归巢”之势：项目地势呈鸟巢状，地块中起伏的小山包如同鸟蛋；低洼农田丘垄流动的态势如归巢之鸟；整个地块呈现“百鸟归巢”的地理格局，利于结穴安居。

园林设计坚持生态化、人性化、整体化、可操作性、滚动式发展的设计原则，创造多核心化景观中心，重塑亲密邻里关系，通过多个景观区域环境，创造出邻里交往与沟通的共享空间，使具备观赏、休闲与聚会功能的生活庭院丰富了建筑的内部与外部空间，成为自然空间的延续与伸展，以山水田园诗的意境为主题，打造社区景观园林。

中国广州时代南湾

项目地址：中国广东省广州市南沙区
设计单位：SED新西林景观国际有限公司

项目说明

一、设计理念

依据住宅的外观、主题和色调，景观延续建筑风格，创造高品质、高档次的现代简约的精品住宅社区。该设计旨在倾力打造简约的现代主义社区景观，将自然湿地、河谷水景、草坪坡地、生态绿岛、游憩栈道等景观题材融入设计元素中，体现抽象与秩序、质朴与内敛、生态与艺术、科技与品质的高端设计理念。

景观平面图

二、设计主题

该设计以“家，玩畔”为主题，集合了现代、前卫的景观造景手法，追求整体空间环境的营造和精致的细节处理，形成一处回归自然、充满活力、傍水而居的现代居所。景观设计手法上运用折线构图，围合成为一个个开敞或半开放的景观空间，运用有序的植物种植，形成小区相对轻松自由、静谧休闲的主题空间。一方面，利用曲折变化的自然湖面水系景观，将不同景致联系为一起，形成各个空间之间的景观纽带。蓝天、绿树、碧水、小品，让行走于此的人们有如徜徉在大自然的怀抱之中。另一方面，强调邻里的共享空间，创造立体化的植物竖向层次空间，形如一个绿色的城市绿心，人们在此尽享空间的和谐与温馨。

三、水景设计

自然生态湖泊是小区重点打造的景观，曲折、流畅的湖泊贯穿整个西北面，为这里增添一份生态美景。自然叠水与生态绿岛打破了湖面单一、平淡的格局，由自然石块垒成的叠水水面使原本自然的湖面多了一些原始趣味，也使湖水在此处有了高差上的变化，与之相对的是湖面的绿岛，人们可以通过折形的路桥到达绿岛，也可以通过后期设置的小船到达绿岛，为湖面增添了些许乐趣。漫步环道围绕湖泊外围可远观湖面，而折形的散步道临湖而设，其中也不乏亲水平台与悬挑，使人们的亲水活动形式趋于多样化。

中国深圳半山海景·兰溪谷二期

项目地址：中国广东省深圳市南山区
占地面积：46 860.8平方米
总建筑面积：146 910.96平方米
开发商：深圳市招商房地产开发有限公司
设计单位：深圳华森建筑与工程设计顾问有限公司
主要设计人员：郭智敏　于源　陆洲　郁萍　杜军　张永峰　李百公　尤士刚　刘红国
合作设计：罗麦庄马香港有限公司

项目说明

半山海景·兰溪谷二期位于工业大道路以西，工业四路与工业三路之间，地块西面沿山路是半山海景花园一期(已经入住)，东南面为规划中的小学用地。小区包括六栋高层住宅，三栋多层的TOWNHOUSE住宅，其中1~6栋共13个单元为20~27层高层住宅，7、8、9栋为5层多层住宅。

景观规划设计

1.景观资源的充分利用

项目以中部景观绿化冲沟为界，分为南北两区，北区布置板式高层，南区沿用地西侧山景方向设置三栋点状高层，东南向海景方向保持开敞，形成最大限度利用山景、海景的布局形势；并且围绕中部绿化冲沟展开的“T”字形小区内部景观，更可被每一户所享有，从而保证住宅单位景观，达到特质、均好、共享。

2.绿化生态设计

项目布局沿海风主导东南向扇状布局，中部留有近40米通道，为整个小区带来良好的自然通风效果；绝大多数住户的朝向均在南偏东45度至南偏西30度范围内，且大部分户型从南向的偏转角均不大，尽量避免东西朝向的不利影响；利用中部冲沟高差形成南区半地下覆土生态会所和北区半地下生态车库，最大限度地利用了自然的采光、通风以及绿化遮阳、隔热，以形成节能环保、小区融于自然的生态主题。

Mont Orchid Riverle

中国成都粼江峰阁

项目地址：中国四川省成都市顺江路
占地面积：42 000 平方米
景观面积：20 000 平方米
设计单位：上海赛特康斯景观设计咨询有限公司
主要设计人员：马克·迈汉

项目说明

粼江峰阁项目位于府南河畔，沿河的开阔视野为项目提供了怡人的环境。府南河及其他小型水体穿行于市区之间，而后汇入大江、大海，粼江峰阁住宅区的河谷概念就源于此。河谷景观设计的中心地带是由东向西穿流过八幢高层公寓围合成的“谷”的水体，这一组水体由礁湖、沙滩泳池、竹园及其他景观设施组成。

粼江峰阁住宅区的景观设计将自然景观与现代设施相结合，一系列的水体和花园将指引您不断发现各种惊喜。